最終戰爭論

戰爭史大觀

石原莞爾 著
郭介懿 譯

寄予本書——省問石原莞爾於今日之意義

話說石原莞爾，須從兩個面向來考察。其一是從身為軍人、戰略家的一面，另一則是從身為宗教家的一面。但是在其深層之中，此兩者卻非個別存在，而是表現出渾然一體，相互調和的一種綜合性思想。

大正十一年，時任陸軍大學校教官的石原莞爾，奉命至德留學。在第一次世界大戰戰火餘燼仍未消散的德國裡待了兩年的時光，並埋頭於腓特烈大帝與拿破崙的研究裡。他所關心與研究的對象更及於德國戰敗的因素上。在這裡，當他領悟到過去以來，自己所抱持的決戰戰爭與持久戰爭的理論，與西歐軍事學的殲滅戰爭與消耗戰爭的道理相同時，自此，他的軍事才能便更加趨於成熟。此後被稱為天才石原莞爾，其思想的啟蒙可說是在這開始的。

而身為一位宗教家的石原，透過與國柱會田中智學的相識，皈依信奉日蓮宗法華經之教義。在最終戰爭論中，他所論及的世界戰爭的預言；在其背後則有宗教信仰上的支持。曰佛滅後歷經正法之千年，再經像法之千年，此後進入末法五百年之時代；世界是為戰爭紛擾不斷之境界。

但是世人卻批判，像這樣的宗教信仰是極為不科學的，論述上豈不是欠缺合乎邏輯的說服力嗎？對於世人的批判，石原莞爾如此明快地回答著。

「最終戰爭論絕不是以宗教性說明為主的理論，這個理論是以我在軍事科學上的考察為基礎的理論，佛的預言是同政治史的趨勢，科學、產業的進步一樣，只不過是為了佐證我的軍事研究而舉出的一個例子罷了。因為戰爭是把人類所擁有的一切力量做瞬間且最強烈地結合運用的一種行為，所以其歷史可說是最能凸顯文明發展原則的一種證明。再說，戰爭難道不是許多社會現象之中最容易做科學探討的一個學問嗎？」

正如石原莞爾的回答一樣，他的戰爭論是涉獵大量文獻史料，同時以軍事性科學性的考察蕩基礎，再由他天才型的頭腦所建構出來的一部理論。即使在他深層精神生活的背後，有著法華經的信仰；但我們與其保持一定的距離，單純地當做一種軍事學上的思考對象，如此就可合乎邏輯地來追尋他所思索的軌跡了。一位成名於世的偉大科學家，同時也是一位熱烈信仰宗教之人，像這樣的例子實在是不勝枚舉。

石原莞爾的戰爭論自問世以來，至今已過了七十年。若審視自問世後的歷史經過，就可以知道他的預測並不完全正確。他曾說「自此三十年後，將展開最後一場決勝戰爭，而這場戰爭將持續二十年，並在五十年之內世界達成統合」，但這樣的預言卻未曾發生過。還有，在二次大戰結束後不久，他曾指出「在不久的將來會爆發第三次的世界大戰」，這樣的預測也並未言中。然而以如此長時間為對象的宏觀預測，要能正確推斷年數；幾乎是不可能的一件事，這一點石原莞爾本身是有事先說明的。

但是，至少在以數年為單位的短期微觀預測上，他的頭腦則展現出如天才般的敏銳度。尤其是自美日開戰以後，他凝視觀察瞬息萬變的戰況所做出的推測，可說幾乎是百分百的完全切中核心。到了戰爭末期，某位人士曾對他如此表示「閣下您對於戰局的預測，在現實上幾乎是完全如您所說的一樣，難道說閣下您對於這種事情是有帶著甚麼樣特殊的感知能力嗎？」對於這樣的詢問，石原莞爾如此回答著：「我只不過是把白的看做是白的，黑的看做是黑的，如此而已。就因為你們無法把白的看做是白的，所以日本才會戰敗的啊。」

由於石原莞爾反對與對抗東條英機而被迫離開軍旅轉為預備役，昭和十七年回到故鄉山形縣鶴岡市過著隱居的生活，之後便投入於他的畢生事業，東亞聯盟的活動之中。成為政治運動家的石原在戰後昭和二十二年五月以證人的身分被傳喚到東京大審判的酒田臨時法庭．他拖著病軀出庭應訊，這裡可說是他人生最後的表演舞台。他在法庭上強調，如果由自己指揮作戰的話日本絕對不會走到戰敗的地步，以下是他所提出的理由。

「若是我指揮作戰，為了確保補給線，我會及早放棄所羅門、俾斯麥、新幾內亞等群島並轉為戰略資源地帶的防衛作戰。並在西部戰線，構築一道從緬甸國境至新加坡、蘇門答臘中部的防衛線，而在中部方面，我會將戰線則撤退至菲律賓，另一方面把本土周邊以及塞班、提尼安、關島等南洋群島構築為一個久攻不下的要塞，以取得可長年持久作戰的態勢，並同時透過外交手段來盡快結束中日戰爭。

特別是在塞班島的防衛上必須做萬全的準備，要絕對確保此處據點。日本若在塞班島上確實做好萬全的防衛，便可阻止美軍的進攻。美軍若無法佔領塞班島，在轟炸日本本土的執行上則會很困難。因此，只要先能守住塞班島，後再守住雷伊泰島，在這當然五五波的持久戰中絕對是立於不敗之地的。蔣介石明確表態是在塞班島陷落之後，塞班島守下來的話，日本便可在政治上解決東亞內亂問題，之後再誠心誠意地向中國道歉來結束中日戰爭，最後就能透過民族的凝聚力來統合整個東亞地區了。」

若是有人批評對於戰局做那樣的判斷，這是任何人都做得到的事情的話，那他肯定是大錯特錯了。就如同石原莞爾在陸軍士官學校（相當於我國的陸軍官校）、陸軍大學校時代的同窗好友，前陸軍中將橫山臣平所點破的一樣，就是因為沒有人能對戰局做那樣正確的判斷日本才會戰敗的。就因為把編制不足，人數僅有的部隊分散在塞班、提尼安、雷伊泰島等地，才會如此不堪一擊。

塞班島是日本本土防衛上非常重要的據點。能夠及早著眼於此的人，只有石原莞爾一人而已。

離開軍旅轉服預備役而過著隱居生活的石原莞爾，他的多次獻策，軍方高層卻均未採用。

在酒田臨時法庭上，面對盟軍的法官、檢察官，石原莞爾連一步也毫無退讓，且無所畏懼地展開激辯，時而將他們玩弄於股掌之間。他那精彩的辯論與令人驚嘆的智慧，不但讓盟軍們感到訝異，到最後還深深地觸動了他們的內心。像石原莞爾如此天才的人物，日本的作戰指揮部為什麼把他摒除在外，毫不重用？這反而是讓盟軍們感到非常訝異與不解的。

在東京大審判時，從一開始石原莞爾就要求盟軍把自己指定為戰犯。「滿洲國建國一案，涉入最深的人就是我，如果要追訴日本的戰爭責任的話，我本人就是頭號戰犯，就先將我送上軍事法庭吧。」跟石原莞爾一樣採取這種態度的人就是大東亞戰爭的理論指導者，思想家大川周明。然而，盟軍最後卻把這兩人排除在戰犯名單之外。或許盟軍知道若把他們兩人送上軍事法庭的話，憑著他們那精明的頭腦與細膩的邏輯，東京大審判會變成一場甚麼樣的鬧劇，而且害怕歐美列強的亞洲侵略史會被攤在陽光底下吧。

提到石原莞爾不免讓人聯想到九一八事變，然而，想到九一八事變最後也不能不提到板垣征四郎上將這位人物。板垣征四郎在九一八事變當時是石原莞爾的長官，關東軍高級參謀。就像被稱為理論派的石原，行動派的板垣一樣，這兩人的默契配合，像是車的雙輪般在互相幫助、發揮相乘效用下逐步推動九一八事變。石原莞爾的性格上帶著在天才身上才有的孤傲且神經質的一面。石原在九一八事變計畫進行途中碰上了瓶頸，在龐大的精神壓力下想要中途放棄，最後是靠板垣征四郎他那超人般意志力的堅持下，才成功地引發了九一八事變。這兩人之中，只要缺少其中任何一人，滿洲建國就不可能實現。

石原莞爾他那孤傲不羈，宛如脫韁野馬般的性格，無論是面對何種位階、權威與權力都不曾逢迎拍馬，始終貫策他那「自反而縮，雖千萬人，吾往矣」的人生態度。無論是當著最高權力者東條英機的面，公然叱責他為「東條上等兵」，還是在戰爭期間因批判軍部而被憲兵給盯上，石原莞爾自己仍是不以為意。能讓石原莞爾這種人心悅誠服，謙卑尊敬及肝膽相照的人只有一位，那就是板垣征四郎。石原莞爾對於板垣征四郎，就如成語「士為知己而死」所說的一樣竭盡忠誠，最後就算要奉上性命也在所不惜。對於板垣征四郎這位軍人，我想在往後的其他機會裡再來談論他，畢竟連石原莞爾如此的天才，也認為板垣征四郎是一位有著深不可測的智慧，充滿個人獨特魅力的人物啊。

石原莞爾是滿洲國的思想領導者，在這個含意上，石原莞爾的確是要負實質責任。但他卻因被盟軍排除在戰犯名單之外而未被判刑。反而是板垣征四郎替代他一肩扛起責任被判處絞刑。昭和二十三年末，石原莞爾寫了一封感人的訣別信送到了被判處死刑定識的板垣征四郎的手上。下文是訣別信的節錄內容。

「板垣閣下，就請閣下您先走一步到那個世界去。我石原莞爾馬上就會跟上閣下的腳步前往那個世界。在三途河上追上閣下您之後，往後的旅程就由不肖的石原莞爾來擔任閣下您冥途的嚮導，伴隨閣下您到那個世界。到了那裡我們再與過去的老戰友們一起話說滿洲國的當年吧。」

石原莞爾在寫這封信時，已是膀胱癌末期，已自覺離死期不遠。接著在板垣征四郎被處刑後八個月，宛如在跟隨板垣的腳步般，石原莞爾嚥下了最後一口氣。石原莞爾與板垣征四郎，這兩顆巨星直到現今，依然在天空的彼端微笑地凝視著東亞這片大地。

平成二十三年（二〇一一）三月

福井雄三〈國際政治學者〉

戰前日本陸軍的鬼才及其擲地有聲的兩部著作

——石原莞爾之《最終戰爭論》及《戰爭史大觀》導讀

讀書共和國廣場出版希望筆者為石原莞爾的兩部著作寫篇導讀以饗國內的讀者，當時筆者接到這訊息的感覺真可用憂喜參半來形容。

本書日文版的導讀，是由大阪青山短期大學的福井雄三副教授所寫的。福井副教授著有《板垣征四郎和石原莞爾——翹首鵠望東亞的和平》一書（PHP研究所，二〇〇九年），通篇論述聚焦於成功建立滿洲國之最重要的兩位靈魂人物。以其研究石原的實績來說，自是日文版導讀作者的不二人選。而筆者自忖並非石原的研究者，只是忝為一介執教鞭於大學的教員，如何成功詮釋石原的重要作品呢？這是筆者擔憂的地方。但可喜的是，臺灣既然有用心的出版社願意將石原的這兩部著作譯介給國人知曉，而非僅止於出版業界常見的簡體字轉正體字版。這是國內出版業者的風骨，也是喜愛軍事相關作品之讀者的福音。筆者又怎能不共襄盛舉以略盡棉薄呢？何況筆者已將研究東亞的第一支近代化武力——戰前的日本陸、海軍引為終身的職志，故雖非專業的石原研究者，還是鼓起當仁不讓的氣魄承接了這兩部著作之中文版的導讀寫作。

在正式介紹石原的這兩部著作給國內的讀者了解之前，容筆者先對其生平略作簡介。只因著作本身讀者可以再三熟讀、吟味，但卻不一定知悉創作者石原本人和其時代背景。

石原莞爾（一八八九—一九四九），山形縣鶴岡人。他的軍事生涯之最終階級為陸軍中將。中央幼年學校、陸軍士官（日文的士官即中文軍官之意）學校畢業後，到福島縣會津若松的步兵第六十五聯隊（團）擔任少尉，後隨聯隊赴韓國守備兩年。升上中尉後兩年，考入戰前日本陸軍培養參謀軍官的陸軍大學校（本文作陸軍大學）。陸大畢業後，於晉升上尉的同時並擔任步兵第六十五聯隊的中隊長（連長）。轉任教育總監部短暫服務後，又奉派到漢口的中支那派遣隊司令部。大正九年（一九二〇），漢口赴任前的石原成為日蓮宗的宗教團體——國柱會的信徒，從此軍事研究、行事準則等皆深受法華經信仰的影響。翌年擔任陸大的兵學教官，任教一年後旋奉命赴德留學，醉心於腓特烈大帝（一七一二—一七八六）和拿破崙（一七六九—一八二一）克敵制勝的兵法研究，從而指出彼等雖一樣稱雄於歐洲，但前者是拜擅長打消耗戰爭之賜，而後者則是進行殲滅戰爭的能手。留德三年期間晉升少佐（少校），於大正十四年（一九二五）返國回任陸大教官，負責講授歐洲古戰史的課程。

昭和三年（一九二八），石原晉升中佐（中校）；並於同年十月轉任關東軍的作戰主任參謀。翌年五月，板垣征四郎（一八八五—一九四八）出任關東軍高級參謀，成為石原的上司。當時正值東北易幟不久，關東軍對於中國關內、外的連成一氣深具戒心，為避免中國統一的情勢影響日本在滿洲的既得利益起見，以武力奪佔中國東北之議遂甚囂塵上。在石原主策畫、板垣主行動的分工合作下，關東軍乃於昭和六年（一九三一）發動滿洲事變（九一八事變），成為兩次大戰期間的戰間期之第一場以優勢武力改變既有疆界的軍事行動。事變以後，石原將西歐軍事學所稱之殲滅戰爭、消耗戰爭的名稱，依自身研究的心得分別改稱為決戰戰爭、持久戰爭。翌年，石原升任大佐（上校），在擔任仙臺的步兵第四聯隊長（團長）等職後，於昭和十年（一九三五）出任參謀本部的作戰課長。翌年，皇道派發動了日本陸軍史上最大的叛亂事件——二二六事件，石原兼任戒嚴司令部參謀負責鎮壓工作。在昭和陸軍之統制派和皇道派的連年惡鬥中，石原所屬的滿洲派本來系出皇道派，沒想到他卻在二二六事件時倒向統制派。同年六月，石原在參謀本部成立了戰爭指導課，並擔任第一任課長。此時也是他和陸軍當權的統制派之間的蜜月期。

昭和十二年（一九三七）三月，石原升上了一般軍人夢寐以求的階級——少將，並青雲直上擔任宛如陸軍大臣、參謀總長先修班的重要職位——參謀本部的第一（作戰）部長。原本前程似錦的石原，卻因蘆溝橋事件時力主現地解決的不擴大方針，不為陸軍當權派所喜，而於同年九月左遷關東軍參謀副長。石原反對日中兩國全面開戰的理由，一是滿洲產業開發五年計畫方於前一年完成，此時正應該在計畫經濟下厚植滿洲的工業生產能力，他指出戰爭和建設是很難同時進行的。二是此時若分兵攻打中國的話，將會削弱對蘇聯之遠東軍力的戰備，不但不利於東亞民族間的團結，也會影響王道（東方）對抗霸道（西方）、日本對抗美國之世界最終戰爭的準備。也就是說，日中開戰時石原的思想又較接近於提倡全力防備蘇聯的皇道派，而和主張必要時對中國一擊之論調的統制派大相逕庭。綜合上述，可知石原的外交主張偏向皇道派，但政治、經濟主張卻又偏向統制派，充分顯露了其思想依違於兩派之間的矛盾性。昭和十三年（一九三八）八月，石原又兼日本駐滿洲國大使館武官，由於他對滿洲國的統治方式係重視滿洲人的主體性，和時任關東軍參謀長的上司東條英機（一八八四—一九四八）之「內面指導」（日人主導）的做法不合，故被貶為閒職的舞鶴要塞司令官。歷史往往是諷刺弔詭的，石原的功名利祿成於滿洲事變，但卻因滿洲統治問題而被打成反東條的非主流派，可說是成也滿洲，敗也滿洲。石原雖於昭和十四年（一九三九）八月晉升中將，並擔任京都的第十六師團長，但因和身為統制派總帥的東條之對立態勢日益明顯；而於兩年後被陸軍大臣東條編入預備役，這等於宣告一個職業軍人之政治生命的正式結束。失勢後的石原，除繼續活躍於國柱會之外，也成為東亞聯盟運動的指導者。他基於堅定不移的日蓮信仰所發展出之獨特的國防論和歷史觀（世界最終戰論），以及人格上的服眾魅力，使得戰前的師事、追隨者絡繹不絕，而在其死後六十四年的今天仍然不乏討論、研究者。石原雖為達國防目的而不惜挑戰政府威信（滿洲事變時的下剋上），以致於成為國、共兩黨眼中侵略中國的元凶，英、美史觀中之世界近代史上破壞戰間期和平的罪人；但卻因和二戰時期的日本獨裁者東條英機之長期對立，甚至參與了暗殺東條的計畫，使得戰後的東京審判中他得以從戰犯名單中被除名。即便如此，石原似乎不打算領這個人情，他在法庭上不斷主張自己才是滿洲事變的策劃人，對於為何沒被指名為戰犯感到相當地不以為然。

在對石原其人有個大致上的認識後，筆者接著便要介紹他的這兩部著作。以下將分別對兩書之成書背景、論旨大要、時代貢獻及不足之處做簡明扼要的論述。

本書第一部的《最終戰爭論》，內容相當於筆者手邊之日文版的《最終戰爭論・戰爭史大觀》（中公文庫，一九九九年）之第一部的部分。誠如日文版導讀作者福井副教授所言，對於石原須從身為軍人、戰略家的一面，和身為信徒、宗教家的一面來理解方能相輔相成，得其全貌，關於這點也是了解石原其人其事的核心命題。

《最終戰爭論》的原文為昭和十五年（一九四〇）五月二十九日夜晚，時任第十六師團長的石原受邀到京都義方會（等同於東亞聯盟京都支部的組織），以「終結人類的前史」為題發表演講之際，由立命館大學教授田中直吉（一九〇七—一九九六）所整理出的演講速記。同年九月一〇日，立命館出版部即以《世界最終戰論》為書名加以刊行。之後幾經增補，約莫在昭和十八年（一九四三）左右，石原自己將「世界」兩字刪除，爾後所有的著作中皆以「最終戰爭」一詞統一行文。

關於本部分的要旨，石原首先簡述人類史上各時代分期的戰爭概況，這部分可用「戰爭進化景況一覽表」來提綱挈領。接著他依照鎌倉時代的高僧，同時也是日蓮宗的開祖之日蓮聖人（一二二二—一二八二）在《撰時鈔》中的預言（前代未聞的大鬪諍將起於閻浮提），斷言人類世界必定在不久的將來會發生導致世界統一的最終戰爭。石原曾說，日蓮對人類未來大戰的預言，給他的軍事研究帶來了不動的目標。故他認為日本應該一改大正民主之模仿英、美自由主義的流弊，斷然實行昭和維新。不但物質上應模仿德、蘇的全體主義，實行統制經濟，並應進行工業的大革命以研發關鍵致勝武器；另外在精神方面，則要在日本天皇的領導下，透過東亞聯盟的締結來團結東洋崇尚王道的各民族，俾利和西方霸道文明的代表者——美國進行最終戰爭，待擊敗美國後世界就將由日本統一；從此全球不再有戰爭，這就是八紘一宇（四海一家）的偉大理想之最終實現。

筆者認為石原之《最終戰爭論》的最大貢獻，就是他精準地預測了二戰之後世界二分、東西對抗的局勢。只是原本他認為夠資格逐鹿全球的四大集團——歐洲、蘇聯、日本和美國，最後不是由日本代表東方出線，而是由將共產主義傳播至東方進而席捲全球的蘇聯脫穎而出。而二戰後歐洲列強國力衰退，的確是由美國成為西方文明的代表。只不過蘇、美皆為西方國家（在歐美人眼中俄人或許要算半個東方國家），故東方王道、西方霸道的對決模式，實際上變成了共產主義和資本主義的對抗。而石原所預測的最終戰爭也沒有爆發，只不過這不是他預測失準，相反地他預測人類會有致命決戰武器的出現完全正確（只是他當時不知是原子彈），而人類也因為使用核子武器的戰爭將帶來的玉石俱焚、萬劫不復；使得核武保有國不敢輕啟戰端，從而以恐怖平衡的架構遏阻了最終戰爭的發生。

即便如此，石原仍有他的觀察侷限性。譬如他依德國空軍雖動員了大批的斯圖卡俯衝轟炸機對倫敦進行狂轟濫炸，但卻無法挫折英人抵抗決心的戰局發展而表示，以飛機來作為決戰武器應該還是時期尚早。但石原小看飛機作戰效果的發言，很快就因日本海軍於翌年（一九四一）十二月十日，在馬來外海海戰中所獲致的優異戰果而被迫收回。當天日本海軍的第二十二航空戰隊，僅憑空中武力的轟炸及施放魚雷攻擊，就將英國東洋艦隊的兩艘巨艦擊沉，向世界宣告了大艦巨砲主義的結束。爾後的戰局，不論是日、美海軍航空母艦之各型艦載機的決戰太平洋，還是美國B-29戰略轟炸機對日本的本土轟炸，在在均顯示了空中武力的決戰優越性。若就這點來看，石原對飛機的評價眼光，恐怕要比聯合艦隊司令長官山本五十六（一八八四－一九四三）略遜一籌。

本書第二部的《戰爭史大觀》，組成的內容則較為多元。此文稿乃石原於昭和十五年（一九四〇）十二月三十一日完成於京都的第十六師團長官舍，內容可說是他的思想脈絡和自敘傳記的綜合體。翌年以〈戰爭史大觀的序說〉為題，刊載於六月號的月刊《東亞聯盟》中。讀之可對石原其人的學思歷程有更進一步的了解。

至於第二章至第七章，這部分原為石原在昭和四年（一九二九）七月，於關東軍作戰主任參謀任內在長春的演講稿。昭和十三年（一九三八）五月，擔任關東軍參謀副長的石原，在滿洲帝國（一九三四年三月由共和制改為帝制）的首都新京（長春）將講稿加以訂正。並於第十六師團長任內的昭和十五年（一九四〇）一月再次修正於京都。

由於經過兩次的增補改訂，使得本部分的內容大為豐富，其論述要旨可說是第一部的《最終戰爭論》之加強版和延伸閱讀版，對於以腓特烈大帝和拿破崙為主軸的歐洲古戰史著墨頗多，對戰略、戰術、戰鬥等各層次的講解更為深入。此戰史研究部分的總合理解，可用石原從大正十五年（一九二六）底開始以陸大教官的身分講授歐洲古戰史時所作成的「近世戰爭進化景況一覽表」作為集大成者，為理解歐陸複雜戰史的終南捷徑。

石原的《戰爭史大觀》對軍事史學的最大貢獻，就是他繼承了素有「西方兵聖」美稱的克勞塞維茨（一七八一—一八三一）之實證的、基礎的戰史研究，並將之在東方推廣開來。克勞塞維茨透過對腓特烈大帝和拿破崙戰爭的研究，發現了歐洲的戰爭性質從十八世紀中葉以腓特烈大帝的戰事偽典範的消耗戰爭（石原言持久戰爭），演進到拿破崙崛起時代開始出現的殲滅戰爭（石原言決戰戰爭）。而在克勞塞維茨歿後的歐洲主要戰事，在東方則有石原繼志述事，賡續研究。譬如石原指出，一八六六年的普奧戰爭、一八七〇—七一年的普法戰爭，亦即在老毛奇（一八〇〇—一八九一）擔任德國總參謀長一職時仍為延續拿破崙時代的決戰戰爭。但武器不斷進步、時代繼續演進的結果，到了其姪子小毛奇（一八四六—一九一六）出任德國參謀部長時，所遭逢到的第一次世界大戰卻已由決戰戰爭演變為持久戰爭。石原表示，此戰局上的根本變化，正是德國不能順利實行施里芬（一八三三—一九一三）作戰計畫（因應決戰戰爭的性質而於一九〇五年所擬定之最高戰略指導原則—「東守西攻」）的主要原因。至於第二次世界大戰初期英、法敗北的原因，石原也明確指出，係因法國疏於備戰、英國無心應戰的結果，否則處在持久戰爭的時代，由於防守武器的大幅進步等因素，德軍應不太可能出現像閃擊戰那樣的輝煌戰果。

不過石原依舊有他觀察的盲點，特別是他對於所謂東亞聯盟運動的一廂情願。前文已提過，石原雖在滿洲國的治理上和東條意見相左，乍看之下似乎其較具與東亞各民族站在平等的立場上衷心合作的雅量。但細究其關於如何營造東亞聯盟的發言，還是不外乎各民族要將主導權讓與日本，只因他認為日本萬世一系的國體和身為「現人神」的天皇才有資格宰制東亞，甚至獨霸世界。他輕視中國、東南亞等地日益高張的民族主義，也忽略臺、韓等殖民地欲在帝國範圍內追求有限自治的主張，結果就是使東亞聯盟的理念和二戰時期所宣傳的大東亞共榮圈一樣，隨著日本的戰敗而歸於夢幻泡影。因為對於東亞各國和殖民地的人民而言，東亞聯盟和大東亞共榮圈只不過是「五十步笑百步」這句成語的最佳詮釋。

至於本書的附章，這部分是石原於昭和十六年（一九四一）十一月九日，在位於鄉里山形縣鶴岡北部的酒田成稿的。當時他已於同年八月被編入預備役，除了歸鄉隱居外，也致力於東亞聯盟運動的理念宣導。前述立命館版的《世界最終戰論》由於暢銷數十萬冊之故，許多讀者閱後難免會對石原書中所言產生疑問，進而登門拜訪或是寫信求教。對此石原盡量都予以回應或答覆，並將問答結果書寫集結成冊，於昭和十七年（一九四二）三月二〇日交由大阪的新正堂付梓。

最後本書則是以東京帝國大學印度哲學專攻的畢業生，同時也是昭和維新之理論指導者的大川周明（一八八六－一九五七）之悼念石原的文章做總結，實頗收畫龍點睛之效。大川為山形縣酒田出身，和石原可說是小同鄉，年紀則較石原年長三歲。大川是昭和戰前期著名的右翼論客，於精神層面重視日本主義；於經濟上主張國家社會主義和統制經濟；於外交上則鼓吹大亞細亞主義，凡此種種的理念均和石原不謀而合，故兩人久有惺惺相惜之感。大川也是東京審判中，唯一的一位以民間人士的身分而被起訴為A級戰犯者，不過後來因被診斷出精神狀態有問題而免遭審判。從文章中可知，大川和石原皆為虔誠的佛法信仰者，這從石原病危之際，大川請石原在他位於極樂淨土的水池中之蓮花葉旁，也為自己預留一片葉子的請求而可得知。對比共產主義的老祖宗馬克思（一八一八－一八八三）的名言：「宗教是人民的鴉片」，和文化大革命中所出現之種種戕害宗教信仰的極左暴力行為，筆者不免生出感嘆：「如果不能執兩用中的話，也該寧右勿左吧！」因為相信有天堂和地獄或極樂世界、輪迴轉世的人，不管生前的行為如何乖張暴戾，臨終一念時若能夠真心悔改的話，依經典所言仍是有可能上升天堂或是往生淨土的。但若是堅持無神論到底進而不信因果、我行我素的話，就算是經歷千萬億劫也還終究是求救無門吧！

國立臺灣大學歷史學系助理教授、東京大學日本史學專門領域博士　楊典錕

目錄

寄予本書——省問石原莞爾於今日之意義　福井雄三　iii
戰前日本陸軍的鬼才及其擲地有聲的兩部著作　楊典錕　x

第一部　最終戰爭論

第一章　歐洲戰爭的源流　002
決戰戰爭與持久戰爭　古代及中世　文藝復興時期的軍事性革命
法國大革命　第一次歐洲大戰　武器的發展與全民皆兵
第二次歐洲大戰

第二章　世界最終戰爭　020
因為最終戰爭，世界將合而為一　武器帶來和平
創造核子武器的人是贏家

第三章　世界統合　026
希特勒的戰爭目的　大英帝國的沒落　決勝戰是「日本」對「美國」
一九七〇年美日開戰
第四章　昭和維新的目標　034
東亞聯盟的成立　斷然實行工業大革命　擺脱地底資源
第五章　佛教的預言　039
第六章　結論　047
人類前史的終結　不願發動戰爭
「附表一　戰爭進化景況一覽表」

第二部　戰爭史大觀

第一篇　戰爭史大觀　052

第一　緒論
第二　戰爭指導要領的變化
第三　會戰指導方針的變化
第四　戰鬥方法的進步
第五　參加戰爭兵力的增加與國軍的編成
第六　未來戰爭的預想
第七　現今我國的國防
「附表二　近世戰爭進化景況一覽表」

第二篇　戰爭史大觀的序說（後來名稱：《戰爭史大觀的由來記》）　060

日俄戰爭的陰影　傾心於拿破崙的研究　戰爭由空軍決定
美國的詛咒　就任關東軍參謀　板垣征四郎大佐　以戰養戰
蘇聯軍隊的威脅升高　明治天皇的聖諭　國防國家是因應時代需要
我軍人生活的結論　福煦元帥的箴言

第三篇　戰爭史大觀的說明　083

第一章　緒論　083

戰爭的滅絕　戰爭史的方向　依據西洋戰史的理由

日本人對英國的執著

第二章　戰略指導的變化　091

外交是以武力為背景　戰爭是為政治的延續　德國的統帥權獨立

最後仰賴聖斷　為何形成持久戰爭　持久戰爭的專家腓特烈大帝

戰爭首重外交　腓特烈大帝的戰爭　拿破崙的戰爭

先掌握部屬們的心　未研究拿破崙而失敗的德軍　席捲全歐洲

拿破崙的繼承者希特勒　從拿破崙到第一次歐洲大戰

德軍所追求的閃擊戰　第一次歐洲大戰的開端

同時敗於經濟戰的德國　「難纏的日本人」　小毛奇的誤算

「最後一兵一卒」

在第二次歐洲大戰的開端中，獲得戲劇性勝利的德國

「慘敗法國」　以空軍為主力的時代來臨

第三章　歷史性的會戰　160

第一線決戰主義與第二線決戰主義為何分為二種類
德法的軍事學　腓特烈大帝與拿破崙的著名會戰
法國所獲得的最後勝利　決戰戰爭的好範例

第四章　戰鬥方式的進步與軍隊改革　173

由面（地面戰）到體（空中戰）　「無須害怕美國本土遭到攻擊」
應盡快廢除特權　軍官採用於部隊士兵　空戰之花
應教育士兵戰術的知識　禁止私刑，保護弱者

第五章　以空戰為主體的戰爭　186

在下次的戰爭中，全體國民將受到戰火的洗禮
不要被現狀所束縛，要預見將來

第六章　未來戰爭的預想　192

下個戰爭是世界最終戰爭　聯合國家是歷史的趨勢
日本人比起西洋人更是霸道主義者　日本人受中國人輕蔑的非道義
受中國人稱讚的日本軍人　世界最終戰爭的戰場在太平洋
「日本應研發原子彈」　由空中而來的敵人

第七章　現今我國的國防　212

東亞聯盟的理念　近衛聲明的公開　國防貫徹國策
美日開戰時期尚早　空襲紐約、莫斯科　戰爭是最大的浪費
滿洲國的任務

附章　關於「世界最終戰爭」的質疑與回答　229

石原將軍臨終之際——大川周明　262

第一部　最終戰爭論

昭和十五年（一九四〇年）五月二十九日在京都義方會（東亞聯盟的京都支部）的演講速記，而於同年八月追加補充若干內容後所完成的。原書名為《世界最終戰論》，係同年九月十日由立命館出版部所刊行。

第一章　歐洲戰爭的源流

決戰戰爭與持久戰爭

戰爭是直接使用武力來貫徹國家政策的一種行為。現今，美國將所有艦隊集中於夏威夷並且脅迫著日本。美國認為，看來日本已在喊著缺少米糧，缺少物資而國力衰弱了，所以再施加一點壓力，再施壓的話，在中日問題上日本或許會屈服也說不定。於是下令對日施壓，因此大批艦隊就集中到了夏威夷。也就是說，美國為了貫徹他的對日政策而大肆使用海軍武力，但因僅是間接使用，所以還未達到戰爭的程度。

而戰爭的特徵，不用說，就是在於武力戰。而戰爭的武力價值，對於其他以外的戰爭手段到底佔有多少的比重？依據這比重的多寡，戰爭會產生出兩種的趨向。武力的價值與其他手段相比，程度越高的話，戰爭就越是男性的、強力的、粗暴的且短暫的。換句話說，就是為陽性的戰爭——我把這命名為決戰戰爭。可是因種種要素，武力的價值對於其他以外的手段，也就是對於政治性手段的絕對性相對低落的話——隨著相對價值的低落，戰爭就越是細膩、長期且女性的，也就是越屬於陰性的戰爭。我把這稱為持久戰爭。

戰爭原本的面貌應該是決戰戰爭，而有關於形成持久戰爭的理由並不單純。也因此，即使在同一個時代裡，在某種情況下會進行決戰戰爭，而在另一種情況下卻是進行持久戰爭。但是造成單一戰爭型態其最大的原因卻是受到時代的影響，由軍事角度來觀察世界歷史，可以發現決戰戰爭的時代與持久戰爭的時代是交互出現的。

一日訴諸戰爭，那些喜歡打架的西洋國家可是很認真的。特別是西洋有很多實力相當的強國且相互彼鄰，加上戰場範圍適中，所以容易顯現出決戰、持久戰兩種戰爭型態的時代變遷。反觀日本的戰爭都是從叫喊「在遠處的人聽著……」等等開始的，分不清楚究竟是戰爭還是體育競賽。因此我想特地用戰爭的源流，也就是西洋的歷史來省思一下戰爭史。

古代及中世

古代——希臘、羅馬的時代是全民皆兵的。這並不只有在西洋有，即使是日本、中國在原始時代，其社會情形大致上多是取自於人類的理想型態，而戰爭也是一樣。希臘羅馬時代的戰術是極為嚴整的戰術。集結眾多的士兵且排成方陣隊形，並巧妙地移動部隊以壓制敵人。直至今日，希臘羅馬時代的戰術依然可做為軍事學上的研究對象。靠著全民皆兵且嚴整的戰術，這時代的戰爭帶著較為濃厚的決定性色彩。像亞歷山大大帝、凱撒的戰爭就比較不受政治的干擾而可以進行決戰戰爭。

可是到了羅馬帝國的全盛時期，全民皆兵的制度逐漸被取消並改採了傭兵制。就是這個原因，戰爭的型態才由決戰戰爭漸漸地轉變為持久戰爭的型態。從歷史上來看，在東洋也是有同樣的現象。像鄰國中國，漢民族最強盛的唐朝時期，從中葉開始全民皆兵的制度變得無法運作而墮入了傭兵制的泥沼裡。從那時起，做為漢民族國家運作的能力開始鬆弛，並且那種狀況一直延續至今。然而這次中日戰爭中的中華民國卻是非常奮勇地抵抗著。可是這還不能算得上是全民皆兵的型態。長久以來尊儒黜武的漢民族，雖然他們的苦悶是非常難以消解的，可是我仍希望他們能夠透過這次戰爭來恢復過去漢民族的榮光。

回到正題。如此兵制開始漸漸混亂，政治力逐漸鬆弛，結果羅馬在突破萬般艱難下所一統的大帝國，實質上卻被耶穌這個傳道士所征服了。這就是中世時代。在中世時代，希臘羅馬時代所發展的軍事組織完全崩解，變成騎士個人的戰鬥型態。一般文化對於中世時代的見解，認為中世是黑暗時代，而從軍事上來看也是一樣的。

文藝復興時期的軍事性革命

接著進入了文藝復興時代。在文藝復興時期，軍事上也出現了革命性的大變動。那就是火槍的開始使用。誇耀著祖先代代勇猛果敢的武名，也就是所謂的名門騎士也會被市民的一槍一彈所擊倒。所以武士單槍匹馬決鬥的時代勢所必然地崩解而回歸過去的戰術型態，而這也招致了社會的大變動。

當時，因為受到十字軍東征的影響，地中海與萊茵等地區的商業活動相當發達，也就是所謂的重商主義時代，所以重視金錢且兵制未恢復過去全民皆兵的制度而是轉變為羅馬後期的傭兵制。可是，由於新興國家都是些小國，這些小國通常無法維持大量的軍隊。因此像在瑞士等國家，就出現了軍事的買賣行為，也就是戰爭的承包業，當國家要發動戰爭時就可向這些承包商來雇用軍隊。但傭兵部隊的戰鬥，卻是無法發揮戰爭慘烈的本性，所以必然地會陷入持久戰爭的泥沼之中。當戰爭即將爆發時，從這處招募三百人，又從那處招募一百人，並盡可能地壓低價格來招募士兵。由於用這樣的招募方式實在太不可靠的關係；所以當國力增強的同時，就漸漸轉變為常備傭兵的時代了。像是軍閥時代的中國軍隊就是這樣的型態。當軍隊轉變為常備傭兵部隊時，戰術就更高度地技術化。當戰鬥變為專業軍人的戰鬥時，巧妙的攻守戰術就更加進步。然而，由於是用金錢雇傭而來的部隊，因此當時的社會統治原理，專制制度也原封不動地被運用到戰術上。

直至今日，其形式仍然遺留在日本的軍隊裡。由於日本的軍隊是學習西洋式的軍事制度，所以這也是理所當然的結果。例如在下達號令的時候會拔出軍刀來表示「注意」的口令，來表示威脅士兵「非聽即斬」的意思。當然，沒有人會想砍人而拔出軍刀來的，這是出現於西洋傭兵時代的指揮形式。拔出軍刀來然後向親愛的部下們下達號令這並不是日本的方式。在日本，若有必要的話是揮動采配的。當敬禮的時候下達「向右看」的號令然後指揮官將軍刀甩向前。這是一種拋棄武器的動作。這拋捨軍刀是一種遺風，是表示「我無法與你匹敵」的意思。還有以整齊的步伐行走的方式是專制時代為了讓雇傭兵能夠在槍林彈雨下抑制恐懼感然後往敵人方向突進的一種訓練方法。

對於用金錢雇傭而來的士兵無論如何都要以專制的方式來指揮，無法允許士兵自由移動。由於這層的關係，當火槍開始普及後，為了更方便射擊，也為了減少己方的傷亡，於是隊形就漸漸往兩側橫向延展並且減少隊形深度。可是因為還在專制時代的關係，馬上從橫隊戰術轉變為散兵戰術還是難以實現的。

橫隊戰術是高度專業化，是需要非常熟練度的一種戰術。將幾萬名的士兵做橫向隊形排列。連我們年輕時指揮步兵中隊做橫隊分列時也是吃了不少的苦頭。幾百個中隊（連）、幾十個大隊（營）做橫隊排列，在敵陣前移動這些部隊是需要非常熟練的技術。而戰術變成一種非常煩瑣的技術且更專業化，這卻是一種令人感到恐怖的墮落。這是因為戰術讓戰鬥無法隨心所欲地進行，只要地形上出現一點障礙便無法克服它。

因為這層關係，戰場上便不容易進行決戰。加上長年訓練且商業化的部隊是非常耗損經費的，所以身為一位國君，將大量的經費運用在軍隊的維持上是一種浪費的行為，因此會盡可能地不進行大會戰。由於這樣的觀點，所以持久戰爭的傾向就更加的明顯了。

無論是三十年戰爭還是在這個世紀晚期出現的，最有名的持久戰爭專家，腓特烈大帝

（腓特烈二世）的七年戰爭等都是持久戰的代表性戰爭。在持久戰爭中，主要的是採取兩種戰鬥手段，一種是進行會戰也就是兩方陣營直接進行戰鬥來決勝負的手段，或者是盡可能不進行會戰而是運用機動性來逼近敵人背後，以減少犧牲並蠶食敵國的領土。

最初，腓特烈大帝一反當時的風潮，進行了多次的會戰，但是聰明的腓特烈大帝也理解到即使進行血腥的大會戰也很難決定戰爭的命運，於是漸漸地轉為機動主義。

某位尊敬腓特烈大帝，被允許見習腓特烈大帝機動軍事演習的法國軍事學家在一七八九年做了以下的結論「往後應該不會再有大型戰爭，從此再也見不到大會戰了吧。」於將來大型戰爭將不再爆發，這意味著即使爆發戰爭，往後的戰爭也不會進行充滿血腥味的大會戰，而主要是靠著機動性並盡可能地在不耗損兵力下進行戰鬥。

也就是說，這女性的陰性的持久戰爭思想已徹底形成。可是這世上當某種事物徹底形成的同時也是革命爆發的時候。諷刺的是，這位軍事學者發表這言論的一七八九年正是法國大革命爆發的那一年。於是持久戰爭徹底形成時，爆發了法國大革命。

法國大革命

在法國大革命當時，戰爭時使用雇傭兵也被認為是上策，可是雇用大量的士兵是需要龐大的經費。然而可惜的是，當時以世界為敵的貧窮國家法國並沒有如此龐大的資金。法國已毫無其他辦法。最後法國在面臨國家滅亡，狂熱的革命氣息下終於不顧民眾的反對，強行實施了徵兵制度。法國因為徵兵制度的實施而引起了民眾暴動，可是生氣蓬勃的法國還是鎮壓了暴動，無論如何都徵集了號稱百萬的大軍——據說實際上並沒有如此規模——來對抗從四方蜂擁而來，由技術純熟的職業軍人所組成的聯合大軍。就如前述，當時的戰術是橫隊戰術。可是因為橫隊戰術太缺乏應變性，於是有人提出了縱隊戰術要比橫隊戰術優越的意見，即使如此，在軍事界橫隊論者仍佔了絕對的優勢。

不過，由於橫隊戰術是需要熟練再熟練的戰術，所以對於臨時徵集而來的百姓們來說，這種高階戰術是難以辦到的。這已經不是好或不好的問題，在死馬當活馬醫的心態下只有採用縱隊戰術，散兵戰術。因為在縱隊戰術下無法射擊所以在縱隊前面以散兵射擊，然後在散兵後方運用容易移動的縱隊戰術。於是戰術型態就由橫隊轉變為散兵戰術了。這絕對不是因為比較好，而是在不得已的情況下才做的改變。但這卻也最符合當時的時代性格，在革命的時代大多都是這樣的。

當人們在常識上都相信，古代以來的橫隊戰術是非常有價值且高階的戰術時，新時代也跟著來臨。並不是因為優而變，雖說是低階的戰術，但卻在不得已非做不可的情況下才採用的方法。這方法不僅克服了因地形的限制而導致無法進行決戰的困難，獲得用兵上的絕對彈性，而且散兵戰術也非常符合渴望自由的法國國民的性格。

加上，與傭兵時代不同，因為是無償徵集而來的部隊，因此指揮官可以不用受到國王對於財政顧慮上的束縛，可以毅然地執行作戰。由於這層關係，十八世紀持久戰爭的存在理由也就自然地消散而去。

可是，雖然戰術產生了變化，但無論是敵人的元帥，還是率領新式部隊的法國指揮官仍然沿用十八世紀的老舊戰略。就是以土地為攻防目標，在寬廣的正前方分散兵力，然後採取非常慎重地進行戰鬥的方式。這時，領悟到因法國大革命所產生軍制上、戰術上的變化，然後靠著那直覺能力發明新型態戰略，並且果決應用的就是那不世出的軍事戰略家拿破崙。也就是拿破崙無視當時的用兵技術，而將兵力集中於要點上來突破敵人陣線，若成功突破的話接著就是將四下逃散的敵人趕盡殺絕。如此若能擊潰敵人軍隊的話也就達成了戰爭的目的，就無須以土地做為作戰的目標了。

敵人指揮官會認為拿破崙將兵力集中於一處，然後橫衝直撞地進攻過來，怎麼可能會有這種事，實在是亂來。當敵人指揮官在批評拿破崙不懂用兵的同時，自己也被拿破崙所擊敗。所以拿破崙戰爭的勝利並不是使用與敵人相同的方式，而是巧妙地活用舊有與全新的戰略。拿破崙從敵人意想不到的地方給予敵軍士氣重大的打擊，於是成為戰爭之神。拿破崙騎乘白色戰馬出現在戰場，光是如此敵人的精神就完全被震懾住，就像是被貓給盯上的老鼠般悚然佇立而無法動彈。

像三十年戰爭、七年戰爭等長期的戰爭是到當時為止都是理所當然的戰爭型態，但到了這時卻已變為在幾週或幾個月以內就可一舉決定大型戰爭勝負的決戰戰爭的時代。因此可以說，法國大革命造就了拿破崙，拿破崙完成了法國大革命。

特別要提醒各位的是，在法國大革命時造成軍事上變化的直接要素並非是武器的進步。從中世黑暗時代進入文藝復興時，引發軍事改革的是因為發明火槍這層武器的要因。然而，因為法國大革命的爆發，而戰術型態由橫隊戰術轉變到散兵戰術，戰爭型態由持久戰爭轉變為決戰戰爭，這些轉變最直接的動因並非是武器的進步。腓特烈大帝與拿破崙部隊所使用的火槍並沒有太大的差別，帶來軍事革命最直接的因素是社會制度的改變。這段期間，帝國大學的教授們對於法國大革命帶來戰爭革命性的轉變，他們表示「應該是有甚麼樣的新式武器吧」，但我一反駁說「當時並無新式武器」時，他們又說「那麼應該是武器的製造技術發生革命性的發展了吧」，所以我也只能回答說「可是也沒這回事」。若不當成是武器的進步帶來法國大革命的話，對於這些學者來說似乎是不利的，就算對他們不利，但事實就是如此。只是，雖然已經逐漸進入散兵戰術的時代，但到了法國大革命為止，社會制度可說是阻礙了武器的發展。

普魯士的軍隊曾經沉醉於腓特烈大帝的光榮之中，可是一八〇六年，普魯士軍隊卻在耶拿被拿破崙徹底地擊潰，從此之後普魯士終於從夢中驚醒，於是開始應用科學上的方法來研究拿破崙的用兵方式，然後開始模仿拿破崙的戰術。此後，尤其法軍在莫斯科慘敗之後，很遺憾的，拿破崙已經無法輕易地戰勝德國的軍隊了。世上的人都胡亂批評，晚年的拿破崙是因受淋病侵蝕而變得反應遲鈍，或是用兵能力降低等等。其實拿破崙的軍事才能可是隨著年齡的增長而提升的。不過，對手也學會了拿破崙的方法。人與人之間實在是沒有甚麼大的差別。各位之中，一定也有有天份的跟沒有天份的人，可是有天份跟沒有天份的人並無不同。拿破崙的成就是他在大革命的時代中，領先世人掌握新時代用兵基本原理的結果。我想，就算是天才拿破崙，假使再晚生二十年的話，終其一生也只是個科西嘉島的砲兵隊長而已吧。像各位一樣能夠出生在這個大動盪的時代中是非常幸福的，而且一定要感謝這個恩賜。因為你們出生在一個會比希特勒或是拿破崙更有成就的機會裡。

仔細研究了腓特烈大帝與拿破崙用兵技術的德國軍人克勞塞維茨，他建構了近代用兵學，從此之後，德國就成為了西洋軍事學的主流。然後在老毛奇元帥與奧地利（一八六六）、法國的戰爭（一八七〇—一八七一）中，進行了非常精彩的決戰戰爭。之後，施里芬元帥長年在德國參謀本部擔任參謀總長，施里芬以漢尼拔的坎尼會戰為範本，主張應該包夾敵軍兩側然後再以騎兵突擊敵軍後方來包圍殲滅敵軍主力，德國貫徹了決戰戰爭的思想，並朝歐洲戰爭的方向邁進。

第一次歐洲大戰

施里芬於一九一三年，歐洲戰爭之前就已經去世。也就是說第一次歐洲大戰（第一次世界大戰）是爆發於決戰戰爭發展的巔峰時期。任何人都在認為戰爭在極短期間內就會結束的認識下迎接了歐洲戰爭的到來。當連外行人都這麼認為的時候，世界也開始在改變。打破了所有人的預測，這戰爭成了為期四年半的持久戰爭。

可是今日仔細地研究後，可發現對持久戰爭的預感早在第一次歐洲大戰前就已經開始存在了。在德國，戰前就已經開始討論「經濟動員的必要性」。還有施里芬元帥在擔任參謀總長時所籌畫的最後對法作戰計畫，也就是一九〇五年十二月計畫案中計畫；將盡可能地減少亞爾薩斯、洛林地區的兵力，然後用主力部隊進攻凡爾登以西，再以大軍圍攻巴黎並加以七個軍團（十四個師團）的強大集團軍從巴黎西南方做大迂迴，來攻擊敵人主力背後。這真是個相當雄偉的戰略。可是在一九〇六年就任參謀總長的小毛奇將軍，雖然於第一次歐洲大戰初期的對法作戰中，就如大家所熟知的，在開戰初期德軍就以破竹之勢席捲了比利時、北法等地並長驅直入馬恩河畔，一時之間讓大家以為德國獲得了大勝利，但德軍的部署要地比起施里芬案還要來得偏東，結果德軍右翼部隊既未抵達巴黎；且遭遇敵人從巴黎而來的反擊時卻不堪一擊而不得不撤退，結果就變成了一場持久戰爭。對於這個部分，小毛奇上將受到很嚴厲的批判。的確，小毛奇將軍的作戰方案，做為德國企圖進行決戰戰爭的作戰計畫，可說是非常不完美的。如果德國有斷然執行施里芬案的鐵血意志與對執行該方案的充分準備的話，第一次歐洲大戰也將會是場決戰戰爭，而德國也不見得是毫無勝算的。

但我認為這個變更作戰計畫之中，對於持久戰爭的預感也在無意識之中起了強力的作用。也就是明明在施里芬時期判斷法軍是會採取守勢的，可是在那之後卻判斷法軍會對德國的重要工業地帶薩爾地區採取攻勢，這就是德國往那方面增加兵力的原因。而且我確信造成無法徹底執行大規模迂迴作戰最決定性的因素是，小毛奇上將放棄施里芬元帥計畫中侵犯荷蘭中立狀態的這個必要條件。薩爾礦工業地帶的掩護，尤其是尊重荷蘭的中立狀態是為了持久作戰上的經濟考量。也就是說，令人感到相當玩味的是高喊著做決戰的德國參謀本部高層在毫無自覺的情況下，持久戰爭的考量已逐漸浮現在他們的心裡了。

雖說為期四年半，比起三十年戰爭或是七年戰爭都還要來得短暫，但戰爭張力卻不同。過去的戰爭，即使說是三十年的戰爭但中間卻有很長一段時間是在休戰的狀態。即使在七年戰爭，一到冬天，若讓傭兵在天寒地凍的地方待太久的話，傭兵們就會四下逃散，也因此才採用輪休制。可是在第一次歐洲戰爭那高度的緊張狀態卻持續了四年半之久。

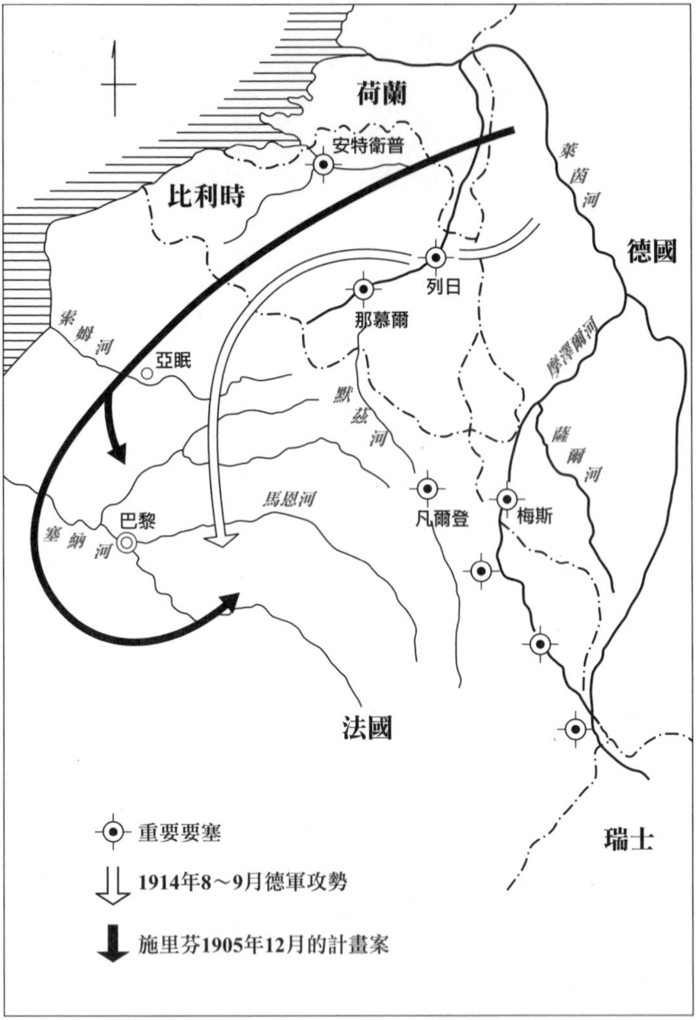

德軍對法作戰之軍隊主力的推進方向

武器的發展與全民皆兵

為什麼會變成持久戰爭？第一個原因就是因為武器的先進。尤其是自動武器——機槍是非常適合防禦的兵器，因此無法輕易地突破敵人正面防線。而第二個原因就是，在法國大革命時雖然說是全民皆兵，但是兵員人數並不是非常多。但是在第一次歐洲戰爭，健康的男子全都上了戰場。這是歷史上前所未有的大兵力，因此無法做正面突破。當正面不行，於是企圖迂迴至敵人背後，但是戰線因為兵力的增加而從瑞士延伸至北海，所以也無法做迂迴進攻。既無法突破也無法迂迴，因此才變成了持久戰爭。

法國大革命時社會的變革造就了戰術的改變，於是戰爭型態從持久戰爭轉變為決戰戰爭，可是在第一次歐洲戰爭，卻因武器的發展與兵員的增加，戰爭型態從決戰戰爭轉變為持久戰爭。

雖說是持續四年之久的持久戰爭，但是卻不像十八世紀時的持久戰爭般避免會戰，而是不斷地進行決戰，而在這期間自然地因新式武器而衍生出了新式戰術。由於砲兵火力的提升以至容易突破敵軍散兵線，因此防禦的一方會用數層的防線來抵禦敵人的攻擊，也就是採取所謂的數線陣地，但因數線陣地最後會有被敵人各個擊破的危險，因此防禦就從逐次抵抗的數線陣地思想自然地衍生出面的縱深防禦的新作戰方式了。

也就是將以自動武器為主的約一個分隊（戰鬥群）左右的兵力，大間隔地佈署於陣地且做縱深的配置。如此分散兵力不僅能夠降低敵人砲兵火力的效果，而且靠著縱深配置的兵力來巧妙地相互掩護，攻方不單是正面，從前後左右也會受到不規則且意想不到的火力射擊；於是讓攻擊變得更加困難。

當防禦戰術一改變，攻擊的一方會因採用舊有的線式散兵戰術而受到嚴重的傷亡，於是也開始將部隊做非常縱深的分散來發揮平面的戰力。橫隊戰術就如我先前所說的一樣，以專制做為它的指揮精神，相對地，散兵戰術是給予每個士兵、每個部隊充分的自由，且鼓勵自主行動的自由主義戰術。可是在攻擊實施面式防禦的敵人時任由每個士兵、每個部隊自主行動卻是會造成混亂的，因此指揮官必須要做明確的指揮統制。而在執行面式的防禦時則必須要有以一貫方針為基礎的統制方式。

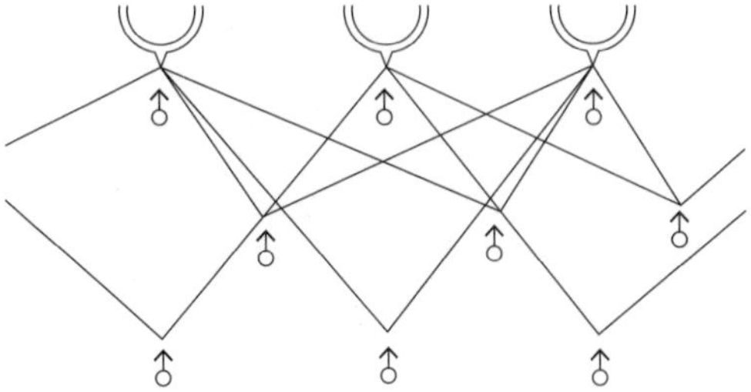

也就是說現今戰術的指揮精神就是統制。但是從根本上這與橫隊戰術般以強權來壓制各個士兵的意志使之盲從的方式並不相同，而是為了能夠使各部隊、各個士兵可以自主的、積極的、獨斷的行動而指示明確的目標，且為避免混亂與重複而必須加以統制。可以說這不是為了抑制自由的統制而是為了幫助提升自由活動的。

前述的新戰術是在第一次歐洲大戰中自然發生，在戰後，特別是蘇聯的積極研究而成了戰術進步的動機。免於在歐洲大戰中造成大量犧牲的日本是最晚採用新戰術的，而今日則熱心地朝向新戰術的研究訓練方向邁進。

還有，雖然有人意氣風發地議論著在第一次歐洲大戰中，戰爭持久化的原因是因為西洋人精神力量薄弱的關係，若是擁有大和精神的話肯定可以速戰速決的，可是事實已經證明，這數年來戰爭型態是為長期戰爭、總體戰，光靠武力是無法決定戰爭的命運，這已經成為一種常識，雖然在第二次歐洲大戰初期（第二次世界大戰），任何人都料想這將會是一場持久戰爭，可是最近因為德軍的戰果而心中開始有了大問號。

第二次歐洲大戰

在第二次歐洲大戰中，德國能夠實施所謂的閃擊作戰，對波蘭、挪威等弱小國家迅速地發動決戰戰爭當然是不足為奇的。大家都認為恐怕德國會在馬奇諾、齊格菲（要塞線）防線上與英法聯軍相互對峙，而雙方都無法突破彼此的防線而形成持久戰爭。

即使德國會入侵荷蘭與比利時，但那是為了獲得對英國作戰的基地，而非真正要與聯軍主力進行大決戰。然而德軍從五月十日以來的猛攻，瞬時之間就制伏了荷蘭、比利時，突破了被認為是難攻不破的馬奇諾延長防線，逼近進入比利時的英法聯軍的背後，然後以迅雷不及掩耳之勢擊潰了聯軍，接著將矛頭轉向從馬奇諾防線以西的地區來逼近並攻陷巴黎，從入侵荷蘭以來僅僅用五個星期的時間就逼迫強敵法國做停戰談判。也就是說德國獲得了世界史上前所未見的戰果；即使面對法國也進行了一場非常精彩的決戰戰爭。難道說，這就是現今戰爭的本質嗎？如果有人這樣問的話，我的答案是「否定」的。

在第一次歐洲大戰時，德國的武力在許多方面都還要比聯軍來得優越，可是在兵力上卻是處於絕對劣勢上，但雙方戰鬥意志高昂互不相讓，因此雙方算是實力相當。可是到了希特勒統治德國以後，德國舉國一致，舉全國之力來大規模擴充軍備，相反地，由於自由主義的英法兩國卻漫不經心、視而不見，全世界都一致公認德國空軍的質與量都明顯地佔有優勢。結果這次戰爭的序幕一打開，德國機械化兵團不僅極為精銳且優越，德國一般師團的數量比起英法聯軍，似乎也保持著三分之一以上的優勢。而且全德國的力量完全由梟雄希特勒來統一運用，反觀英國在數年前德國強行進駐萊茵地區時，反對法國依據凡爾賽和約果決地一舉進攻德軍的主張，而且在這之後，在作戰計畫上英法雙方的意見一定也屢屢得不到共識。因為這層關係，結果法國的戰鬥意志不如第一次歐洲大戰般高昂，而馬奇諾防線也似乎僅止於計畫，幾乎沒有構築防禦工事。

戰力明顯處於劣勢的法國應該在國境上採取守勢才對。而法國軍方可能也有想到這點吧，但是卻被政治策略所牽制而使部隊朝比利時進發。這個最有戰力的比利時派遣軍遭遇到德國的閃擊作戰，結果受到嚴重的打擊，而英軍則逃回了自己的國家。如果英國想認真打的話就應該把本國的防衛全交由海軍負責，而全國陸軍則派往法國作戰才是。我想英法兩國的關係恐怕是陷入極度惡化的狀態。就這樣德國一揮軍南下，結果法軍完全沒有抵抗的能力，最後只能由名將貝當元帥出來擔任總理向德國投降而已。

這麼一來，這次的大戰並非實力相等的對決，這是聯軍在裝備與精神兩面均處於絕對劣勢才導致這種必然的結果。持久戰爭原本就只有雙方戰力大體上相等的國家所進行的戰爭。第一次歐洲大戰，在開戰初期的作戰，令人覺得德國應會大獲全勝，結果卻在馬恩河被法軍的反攻所擊潰，還有戰爭結束前一九一八年在魯登道夫將軍的大攻勢中，在北法戰場附近給與英法聯軍重大打擊，一時之間切斷了敵軍的連絡，看起來戰爭的命運似乎就要底定，但最後還是終歸失敗。兩軍大體上以相當的戰力而形成持久戰爭，而最後德國主要是因為在經濟戰上敗陣下來才投降的。

雖然芬蘭投降蘇聯，卻以極為劣勢的兵力長時間抵抗蘇聯的猛烈攻擊，這顯示出現代武器是有多麼強大的防禦威力。還有在比利時戰線，雖然戰況尚未明朗，從布魯塞爾方面來進攻敵人正面的德軍遭遇到頑強的抵抗，似乎無法輕易突破敵人防線的樣子。現在與第一次歐洲大戰相比，空軍與坦克技術是有明顯進步，可是要突破以充分戰備與決心來抵抗的敵人戰線，直至今日依舊是相當困難，所以戰爭陷入持久狀態的可能性是非常地高，看得出來現在依然是持久戰爭的時代。

第二章　世界最終戰爭

因為最終戰爭，世界將合而為一

第一次歐洲大戰以後，從戰術型態上來說，我們是在戰鬥群戰術，而從戰爭型態上來講是在持久戰爭的時代裡。就如同我先前所說的一樣，即使在第二次歐洲戰爭中，到處都進行著決戰戰爭，但時代的本質仍然是持久戰爭的時代。然而，無庸置疑的是依據我歷史上的考察來看，最後還是會走向另一個決戰戰爭的時代。

而那個決戰戰爭到底是甚麼樣的戰爭呢？我們從至今為止的歷史經驗來推測看看。首先從兵員人數來看，現在所有男性都要上戰場，然而下一場戰爭，不只男性就連女性，更進一步地說，就是無論男女老幼都要上戰場。

從戰術的變化來看，戰術從密集隊形的方陣然後橫隊、散兵，最後到戰鬥群戰術。從幾何學的角度來觀察的話，方陣是為點，橫隊是為線，散兵為點線，而戰鬥群的戰法則是為面的戰術。戰術變化是從點線而到面的，可想而知，下次的戰爭是為體（三度空間）的戰鬥方式。

那麼，戰鬥的指揮單位是如何變化的？其實並沒有一定的規則可循。硬是要說的話，密集隊形的指揮單位是大隊。若可以像今天一樣用擴音器下達「前進」命令的話，或許可以使三千名士兵的聯隊（團）同時行動也說不定，可是用嘴巴喊叫，就算是喉嚨再好的人也只能以大隊為單位。我們年輕時也曾經頻繁地做大隊密集操練。可是一變成橫隊，喉嚨再好的人也無法傳達號令，所以指揮單位是為中隊。接著變為散兵後，以中隊長（連長）的話再也無法傳達號令，所以需要由小隊長（排長）來下達命令，因此指揮單位就變成小隊（排）了。戰鬥群戰術的話，明顯地是為分隊——通常為配有一挺輕機槍，十幾支步槍的分隊為單位。從大隊、中隊、小隊、分隊（班）逐次縮小的指揮單位，理所當然接下來應該會變成個人。

單位為個人，數量為全體國民，也就是所謂把全國國民所擁有的戰鬥力發揮至極限。如此，戰爭的方式就是為立體的戰法，也就是以空戰為中心的戰鬥方式。我們不清楚立體以上的東西；也就是四度空間的世界。若是有四度空間的話，這或許是靈界或是幽靈的世界吧。這是我們凡人無法理解的境界。總之，到下次的決戰戰爭時，戰爭的發展將會達到極限。

然後在戰爭發展至極致的決戰戰爭之後，戰爭將會消散無蹤。但人類的鬥爭心卻不會消失。所謂鬥爭心仍存，戰爭消弭到底是指甚麼？那就是國家之間不再對立——也就是世界會因下一次的決戰戰爭而達成統合。

武器帶來和平

或許有人認為，到目前為止我的說明是一種突發奇想，可是我相信我的說明在理論上是正確的。戰爭發展到極致的結果造成戰爭成為不可能。例如終結戰國時代統一日本的是軍事，主要是武器進步所帶來的結果。也就是在戰國時代末期，織田信長、豐臣秀吉、德川家康這三位世界歷史上最優秀的偉人一同出生於日本。這是三人的協同作業。織田信長以他那天才般的敏銳度，打破了妨礙大革新的那層堅硬外殼，但打破之後再讓他發揮那過人的才能是相當不利的，於是明智光秀便殺了信長，織田信長的死是因為他該做的事已經結束了。接著豐臣秀吉初步地完成了日本的統一，並征伐朝鮮來誇示統一後日本的國力。這時候德川家康竄出頭來，像個囉嗦的老婆婆一樣將一切整頓殆盡。但德川家康並未如信長、秀吉所構想般實行皇室中心主義，這實在令人萬分遺憾，然而，不管如何，在這三人的活躍下統一了日本。為什麼日本的統一能夠實現？那是因為西洋火槍傳到了種子島的關係。無論織田信長還是豐臣秀吉是多麼的偉大，假使沒有火槍，光靠長槍與弓箭也是很難成功的。織田信長的眼光看透了時勢，高唱尊皇的大義，表明了日本統一的重心，他更在現今的堺這個地方大量購入火槍而完成統一的基礎作業。

即使在現今社會，如果把手槍等所有的遠距離武器全都收起來的話，選舉的時候，政黨恐怕不會站在講台上進行言論戰，因為用言論來決勝負太慢了，肯定會用拳頭來解決。可是警察有手槍，軍人有機槍，就算是劍道、柔道大師也無法與之匹敵。因此，雖然說是非常繞遠路的方法，但也只能用言論戰來爭取選票。武器的發展使社會太平，所以人類會因下一個極其慘烈的決戰戰爭後，而無法再進行任何的戰爭。到時候，全世界人類長久以來引頸期盼，未曾有過的真正和平將會到來。

總而言之，以世界某一地方為根據地的勢力，如果能夠對全世界任何一地發揮最瞬間的破壞力而屈服抵抗勢力的話，世界就會自然地統合為一。

若是這樣的話，那我們來想像一下，那場決戰戰爭到底是用什麼型態來進行的呢？男女老幼全都上了戰場。不只是男女老幼，連山川草木，全都捲入了戰爭的漩渦中。但並不是所有的女子或小孩全部都要到滿洲國、西伯利亞還是南洋去參與戰鬥的。

戰爭本身有兩個重點。

創造核子武器的人是贏家

其一就是打擊敵人——造成損害。另一個就是經得起損害。也就是說給予敵人最大損害的同時也要耐得住己方的損害。從這觀點來看，在下個決戰戰爭中，打擊敵人的是少數的精銳部隊，而必須忍耐的確是全體國民。即使在今日的歐洲大戰中也因為沒有以空軍來進行決戰戰爭的自信，所以並沒有轟炸無防備的城市。雖說已針對軍事設施進行了轟炸任務，可是爆發真正的決戰戰爭時，以忠君愛國之精神決心赴死的軍隊並非是有利的攻擊目標，攻擊的目標將會是最脆弱的民眾與最重要的國家設施，是徹底摧毀工業都市或是政治中心，因此，不分男女老幼、山川草木，豬雞也一樣會被摧毀殆盡，如此，將會是一場由空軍所進行的，真正全面的殲滅戰爭。因此，國民必須鍛鍊鐵石般能夠忍耐如此慘況的堅定意志。還有現今的建築設施是非常危險的，這是眾所皆知的事實。因此我強烈建議，視國民全面自我覺醒的情況，國家最遲也要以二十年為目標，針對主要都市擬定根本的防空對策。整頓政府機關，廢除在都市的中等以上所有學校（教育制度從根本改革），將工業分散於地方來徹底整頓都市人口，最重要的部分就是一定要強制執行市街的大改建。

像今天這樣，只要陸海軍還存在的一天，是不會發生最後的決戰戰爭的。動員或是運送等等太過於緩慢的話是不行的。像軍艦一樣在太平洋上緩慢航行個十日、二十日是沒什麼關係的，但是以現今的空軍是完全不行。還有，假設因為飛機技術的進步，即使德國可以在倫敦進行大轟炸並以空戰來決定戰爭的勝負，可是在德國與俄羅斯之間是非常困難的，而俄羅斯與日本之間也是很困難。更何況是相隔於太平洋兩端的日本與美國要以飛機來進行決戰可說還太早了一點。當隔著最寬廣的太平洋的兩側以空軍進行決戰時，將是人類最後一次大決戰的時候。也就是能開發出飛機不著陸而翱翔飛行於世界的時代。接著，破壞性武器也是一樣，像現在歐洲大戰中所使用的武器是不會有甚麼改變的，必須能夠製造出更終極的，只要一發就能奪取上萬人性命的，超乎我們想像的破壞性武器。

飛機能不著陸而翱翔世界，而且破壞武器是為最先進的，例如今日爆發戰爭，次日的早晨，黎明升起時，敵國的首都或是主要都市已經被徹底摧毀殆盡了。

相對地，大阪、東京、上海也成了廢墟，所有事物全都灰飛煙滅……。我想大概就是如此破壞力的武器吧。這麼一來戰爭就會在短期間內結束。在高喊著精神總動員、總體戰的時候，是不會爆發最後戰爭的。這樣微溫的就覺是持久戰爭時代的產物，是不會造成決戰戰爭的。在下個決戰戰爭中，敵人一攻擊是連逃命的機會都沒有就會被殺死的。創造出如此決戰武器，經得起任何戰爭慘況的人才是最後的贏家。

第三章　世界統合

希特勒的戰爭目的

綜觀西洋歷史，西洋古代從國家的對立到羅馬的統一。到了中世紀則是由基督教的傳教士們所統治，當基督教的權威衰弱之後接著就是新興國家的出現。然後國家主義漸漸發展起來，法國大革命時，一時之間高唱著世界主義。雖然哥德與拿破崙真正的以世界主義為理想，結果目的沒有達到，反而變成國家主義全盛的時代，並迎接第一次歐洲戰爭的到來。

經歷了歐洲戰爭慘烈的破壞，再次開始進行了國際聯盟的世界主義實驗，可是理想難以在短期內實現！結果國際聯盟又成了一張白紙。可是我說世界並不會回復到歐洲戰爭前的國家主義全盛時期，並且已進入了聯合國家的時代。大致上，世界會分裂為四個部分。

第一是蘇維埃聯邦。這是社會主義國家的連合體。雖然馬克思主義在世界上已失去魅力，可是絕對不可輕忽蘇聯依靠二十年來的經驗，特別是趁著第二次歐洲戰爭逐漸擴張的實力。第二則是美洲，南北美洲有以美國為中心而連合為一的傾向。當然其中也有中南美洲的民族問題，在經濟上比起美國，與歐洲的關係更為親密的南美各國，雖然在這些國家中，反對以美國為中心的美洲聯合的運動是相當激烈的，可是趨勢上美洲聯合的形成正在進行中。

接著則是歐洲。因為第一次歐洲戰爭結束後的凡爾賽和約體制是守舊且非常無理的東西，結果才會導致今天的破局。據說這次的戰爭一爆發，英國知識階層的輿論是「我們獲得戰爭的勝利後絕對不會回到凡爾賽體制，所以必須打倒納粹，為了人類的和平要打倒那位獨裁者，要本著我們自由主義的信條為方針，建立歐洲新的聯合體制」。那德國方面呢？那應該是在去年的秋天．德國駐土耳其大使馮．帕彭在回德國的途中，在伊斯坦堡被新聞記者問到德國的戰爭目的到底為何？由於不是納粹黨員所以只能採取較為慎重態度的帕彭，聽了立刻答道「德國戰勝後要成立歐洲聯盟」。以納粹「命運共同體」的世界觀做為指導原理來成立歐洲聯盟，我想這才是希特勒的理想。即使從法國屈服之後的德國態度來看，我相信也是這樣沒錯。

第一次歐洲大戰結束後，奧地利的庫登霍夫提倡大歐洲主義，後來法國的白里安與德國的斯特萊斯曼等政治家也讓人看到致力實現歐洲聯合的熱誠，可是並未實現，最後也就不了了之。到了這次大破局之際，歐洲人又開始認真思考如何建立一個歐洲聯合體制了。

最後則是東亞。目前日本與中國正在東洋持續著前所未有的大戰。可是這戰爭結果也是日中兩國為了正式結盟的煩惱。日本自己雖然不是很明確，但自從近衛內閣發表聲明以來就確認了這個理念。並非近衛內閣發表聲明以來，而是開戰當初所高喊的聖戰就是這個理念。無論付出多少犧牲，我們都不應該求取賠償，如果能夠真正確立日中兩國新的結盟方針這樣就足夠了，到目前為止這仍持續形成為日本的信念。不可否認的是在明治維新後，日本欲建立民族國家，越是有輕視其他民族的傾向，日本在台灣、朝鮮、滿洲、中國，很遺憾地無法獲得其他民族的民心，其最大的原因就在這裡，能夠深切地反省才是結束中日戰爭、昭和維新、成立東亞聯盟的基礎條件。在中華民國，三民主義的民族主義也已不是孫文時代的民族主義、我相信三民主義的民族主義會趁著這次中日戰爭的機會，進展為順應新世界趨勢的民族主義。因為，於今日世界的形勢，科學文明落後的東亞各民族，若想要與西洋人對抗的話，我們要以精神力量、道義力量來做結合是為最重要的一點，所以我想聰明的日本民族和漢民族再過不久就會悟透時代趨勢而由衷地相互諒解吧。

大英帝國的沒落

現實上還有一個名為大英帝國的區域，支配著加拿大、非洲、印度、澳洲、南洋等廣闊的地區。可是我認為這根本不會構成任何的威脅。那早在十九世紀就已經終結了。擁有強大實力的國家只出現在歐洲的時代裡，英國掌握了制海權，獨佔了從歐洲前往殖民地的道路，更使歐洲各強國不斷互相對抗來提升本國的安全性以支配全世界。可是自十九世紀末起大英帝國的統治地位已經開始受到挑戰了。尤其德國，不僅開始建設海軍，加上推動三B政策，意圖經陸路由柏林往巴格達、埃及的方向擴張，英國光靠制海權已無法壓制住德國的這現象是越來越不奇怪了。這是第一次歐洲大戰最根本的原因。所幸的是德國戰敗。數百年前，自從推動世界政策以來，陸續擊敗西班牙、葡萄牙、荷蘭，接著又攻克以拿破崙為首的法國，在一個世紀內成為世界霸者的英國最後迎接了與德意志民族的決戰。

由於第一次歐洲戰爭的勝利，英國在歐洲各國的爭霸戰中獲得了全面勝利的榮耀。可是在獲得這榮耀的時候，實際上是一種結束。正當鬆一口氣的時候，在東洋的一個角落中，日本已經竄出頭來了。接著美國在新大陸擴大其影響力。今日英帝國的領土是靠著日本與美國的自制力才一直維持著的，並不是靠著英國自身的實力。

英國是無法對抗美國的實力而維持著以加拿大為首的，在南北美洲的英國領土。而新加坡以東、澳洲及南洋等地，英國也無法以自身的實力與日本的勢力對抗來維持。在印度，蘇聯或日本的實力也遠在英國之上。能夠以英國所謂的無敵艦隊來維持的，最多就只剩非洲的殖民地了。大英帝國已經變成跟比利時、荷蘭一樣，依靠著歷史的惰性與外交的驅使來維持自己領土的狡獪至極的老狐狸了。我說過，二十世紀的前半期是英帝國的瓦解史，在這次的歐洲大戰中，那以驚奇的速度快速復興的德國對於英國的重心給予了迅速的打擊，大英帝國也終將成為歷史的名詞。

在這聯合國家的時代裡，像英帝國一樣呈分散狀態是不可行的。我認為無論如何，地域之間相互接觸的區域成為一個聯合體制，這才是世界歷史的命運。我觀察第一次歐洲大戰以後的聯合國家時代是為了準備下次最終戰爭的準決勝戰爭的時代。先前所說的四個集團在第二次歐洲大戰以後可能是日、德、義也就是東亞與歐洲聯合和美國的對立，而蘇聯雖然是奸巧地站在兩者之間；但判斷會多傾向於美國。可是用我們的常識來看的話，我想結果會形成兩個代表性的勢力。到底哪一方會在準決勝中獲得優勝呢？在我的想像中是東亞與美國。

決勝戰是「日本」對「美國」

雖說我的專業領域並不是人類的歷史，就用非專家的角度來看，源於亞洲西部地方的人類文明由東西兩方分散擴張；數千年後分隔世界最寬闊的海洋而相互對峙。最後由這兩個區域進行決勝戰，這難道不是命運的安排嗎？軍事上最難進行決勝戰爭的就屬太平洋兩端的這個兩集團。從軍事上的角度來說，我想這兩集團將會從準決勝中勝出。

在這個推測下可以想像，雖然蘇聯是非常努力地，在自由主義進入到統制主義的時代裡，率先付出龐大的犧牲，流了幾百萬人民的血，就連現在史達林仍是強制國民付出令人害怕的犧牲，盡全力維持體制，可是這卻像是一付瀨戶產的陶瓷器，外表雖然堅硬，但是一掉到地上就會碎裂一樣。所以若是史達林有個萬一的話，蘇聯就會從內部開始瓦解了吧。這是令人感到非常可憐的。

然後歐洲集團，德國、英國還有法國都是相當強盛的國家，都是強大民族的集合。可是再怎麼強大的民族，所處的地理位置卻不好。雖說是強大的民族，但是卻相互比鄰。無論怎麼呼籲建立歐洲共同體，或是自由主義聯合體制，這在理念上是非常好的，但打架本來就是歐洲人的專長。這種本能，無論說甚麼肯定是不同意，然後又互相毆打了起來。這難道不是因果關係所造成的玉石俱焚嗎？雖然這言論對於希特勒所領導的，有史以來未曾有過的強盛友邦德國是非常失禮的，但還是不由得如此預測。我認為，歐洲各民族要特別去反省，這才是最重要的。如此一來，會在決勝賽中出線的，不就只剩下還在渾渾噩噩中的東亞集團，以及如爆發戶般，有點令人討厭卻朝氣蓬勃的美國嗎？這兩者會在太平洋上進行人類最後的大決戰，且非常極端的大型戰爭。這戰爭不會長期持續下去，而是會在極短期內就解決的。如此，我認為這將決定天皇是否會成為世界的天皇，或是由美國總統主宰世界的人類最重要的命運。也就是決定東洋的王道與西洋的霸道，哪一個才是世界統合的指導原理。

而過去長久以來傳承擁護東方道義道統的天皇，再過不久將會是東亞聯盟的盟主，接著成為世界的天皇，這就是我們堅定的信仰。今日，要請日本人特別注意的是隨著日本國力的增強，國民尤其要保持謙讓的美德，甘願接受最大的犧牲也要等到東亞各民族由衷地信仰天皇其尊貴地位的時候。東亞各民族將天皇奉為盟主的那一天也就是東亞聯盟真正成立之日。然而，就算尊崇八紘一宇的精神，到了天皇成為東亞聯盟的盟主，世界天皇的時候，日本國也不會是盟主。

一九七〇年美日開戰

然而，最終戰爭甚麼時候才會到來？這雖說只是個像占卜一樣的預測；並沒有科學的根據；卻也非憑空的想像。就如我再三強調的一樣，綜觀西洋的歷史，在戰爭技術重大轉變的同時也是一般文化史重大轉變的時期。站在這觀點上來思考一下年數的話，中世紀時期大約一千年左右，接著是文藝復興到法國大革命約三百年至四百年。雖然這段依看法不同有各種的說法，不過年數大概是這樣的。法國大革命到第一次歐洲戰爭很明確是一百二十五年。從一千年、三百年、一百二十五年這樣的時程來推測的話，第一次歐洲戰爭初期開始到下個最終戰爭時期應該是要多久的時間呢？詢問了多數人的意見後，得到的結論大約在五十年前後。不過這太過於短暫，我覺得應該要更長一點，所以一開始我推測七十年，不過，最後我還是判斷最長應該也會在五十年內爆發吧。

不過第一次歐洲戰爭爆發的一九一四年之後已經過了二十多年。而從今天算起再二十多年，嗯……再三十年左右，就會進入下個決戰戰爭，也就是最終戰爭的時期了吧。這時間或許有些短暫，不過請各位想想，自發明飛機以來三十多年，而真正能稱得上飛機的約二十年左右，且就在這幾年有飛躍性的發展。現在文明急速的進步完全是前所未有的氣勢，所以不應該用直至今日的常識來推測未來，這是我們要深刻省思的一件事。

今年聽說美國的客機已經可以飛到準平流層的高度了。我相信再過不久，征服平流層的夢想就可以實現了。由於科學的進步，因此無法斷言未來不會出現恐怖的新式武器。由此而見，未來的三十年，我們要以最緊迫的態度舉國一致，不，必須要以東亞數億人口團結一致來發揮最大的力量。

這個最終戰爭到底會持續多久？這令人想像空間更大，例如，假定說東亞與美國將進行決戰的話，那麼戰爭爆發後將會在極短的時間內解決。雖然在準決賽中會有兩個集團勝出，可是因為還有其他許多強國的存在，所以真正要到餘震平息，戰爭消弭，人類前史終結之前，也就是最終戰爭的時代推測會持續二十年吧。換言之，從今而起三十年左右，人類將進入最後的決勝時期，五十年之內世界將達成統合。如此我做了以下的盤算。

第四章　昭和維新的目標

東亞聯盟的成立

從持久戰爭到決戰戰爭，橫隊戰術到散兵戰術，法國大革命帶來了如此重大的變革。而在日本發生如此重大變革的，剛好是明治維新時代。由於第一次歐洲大戰的爆發，戰爭型態從決戰戰爭轉變為持久戰爭，戰術則由散兵戰術轉變為戰鬥群的戰術，而今日則進入了自法國大革命以後最重要的革新時代，現在正是革新的進行式，也就是昭和維新。雖然有很多人認為第二次的歐洲大戰的爆發是新時代的到來，可是我認為從第一次歐洲大戰後的自由主義到統制主義的革新，才是昭和維新的急速進展。

昭和維新並不只是日本的問題，而是真正地將東亞各民族的力量做綜合性的發揮，完成與西洋文明代表進行決勝戰爭的準備。就像明治維新的著眼處在於王政復古、廢藩置縣一樣，昭和維新的政治目的在於東亞聯盟的成立。由於九一八事變的發生而發現了這原則，而終於可以成為今日的國家方針了。

為了實現以成立東亞聯盟為中心課題的昭和維新，有兩件非常重要的目標，第一就是創造東洋民族的新道德。正好就像是在明治維新的時候，我們從對藩主的忠誠回歸到對天皇的忠誠一樣，為了東亞聯盟的成立，必須創造出從民族鬥爭、東亞各民族的對立到民族和協，真正結合東亞各國的新道德。而這個核心課題就是滿洲建國精神的民族和協的實現。這種精神、這種情感才是最重要的。第二就是要提升不輸對手的物質力量。然後這個發展落後的東亞洲必須擁有比歐洲、美國以上的生產力才行。

從以上的觀點來看，現代的國家政策是東亞聯盟的成立與生產力的大提升兩個重要的課題。我們身為科學文明的後進者，為了要果斷實行這偉大的生產力提升計畫，用一般普遍的方式是不行的。無論如何都要發揮西洋人所不及的產業能力。

斷然實行工業大革命

最近讀了龜井貫一郎先生的《納粹國防經濟論》一書，看了之後相當感動。德國是資源缺乏，且在凡爾賽條約體制下受到壓迫，在沉重的壓迫下讓德國發奮圖強，經過了二十年，特別是這十年，這位作者說在德國發生了第二次的工業革命。

我不太懂他所說的原理，總而言之，工業的變遷是從常溫常壓的工業到高溫高壓的工業，然後再到電氣化的工業，如此擺脫了到目前為止被資源所束縛的狀態，所有物品都能輕易生產的第二次工業革命正在進行之中。我認為德國就是因為有這樣的十足把握才毅然走上大戰的道路。我們的科學文明是非常落後的，可是我們頭腦聰明，看各位，每位都有像英才般的聰穎表情。我們要毅然地動用我們全部的智慧，必須超越德國先進的科學、發達的產業，然後迅速地發明最新的科學，最優秀的生產能力，而這也必須是我們國家政策的最重要條件。我們要領先德國、領先美國，斷然地實行工業大革命。

這個工業大革命會產生兩種作用，一種是破壞的，一種是建設的。甚麼是破壞的？我們正朝向三十年後世界最後的決勝戰爭邁進，可是我們要用現在所擁有的螺旋槳引擎飛機，是不會造成太大的變化的。所以必須趕快製造出能夠自由地在平流層飛行，性能非常優良的航空器才行，並且必須發明能夠一舉殲滅，給予敵人毀滅性打擊的決戰性武器。靠著這個工業革命，應該可以生產出比這次德國所製造的新武器更無可比擬且令人吃驚的決戰武器，如此便可取得三十年後爆發決勝戰爭的必勝態勢了。德國發動戰爭的準備，真正的僅有數年的時間。各位還有二十年的時間，這時間已經足夠，不但足夠，而且是有點過長了吧。

擺脫地底資源

另一種是建設方面的。

破壞也不是單純的破壞。人口或許會因為最後的大決勝戰爭而減半，可是世界卻會達成政治上的統合，長遠上來看的話；這是一種建設。同時在工業革命美好的建設方面，將會脫離原料的束縛而不斷製造出必要的資材。對於我們而言，非常重要的水或空氣不會是爭執的原因，因為這些都是普遍存在的。雖然有時候會因為水源而發生爭執，可是為了爭奪空氣而互毆這種事目前還未曾發生過。任何必要的物品靠著令人驚奇的工業革命而不斷地生產出來。並將不再有非持有國（日德）與持有國（英美）的區分，任何需要的產品都可以被製造。

然而，貫徹這個大事業的卻是依據建國精神、日本國體精神的信仰統一。世界在政治上合而為一，有統一的思想信仰，為了過和諧且端正的精神生活所必要的物資，人們不再為了取得這些必要物資而打架爭奪。我認為這才是真正的世界統合、也就是達到所謂八紘一宇的實現。且病痛將不復存在，雖然現今的醫學技術能力仍是非常落後的，可是當科學真正進步的時候，病痛將會消除且實現不老不死的夢想。

因此東亞聯盟協會的〈昭和維新論〉中寫道；經濟建設的目標：做為昭和維新的目標，約在三十年左右爆發決勝戰爭的預想之下，以二十年為目標，必須將東亞聯盟的生產能力提升到可與西洋文明代表集團匹敵的水準。從這個觀點來看，依據某位權威對美國在二十年後的生產能力所做的研究中，可發現美國在將來的生產能力將達到令人不可置信的數量。詳細的數字我已經不記得了，大概的數字是鋼鐵與石油的年需求量是數億噸、煤炭則是數十億噸，若要像現今使用地底資源來發展文明的方式的話，二十年後文明的發展將會達到一個瓶頸。從這觀點來看，也可看出工業革命是刻不容緩的趨勢，而且我認為「人類的前史即將終結」是一個極為合理的觀察。

第五章　佛教的預言

接著我想稍微換個方向，從宗教角度的觀點來做一個談論。對於非科學的預言，我們的憧憬是宗教的大問題。可是人類是一種以科學的判斷，也就是光以理性是無法滿足安心的東西，所以對於預言或是推測有著強烈的憧憬。要如何解決目前的時勢？現今的日本國民希望能夠有個推測。希特勒取得了天下。使希特勒取得天下的就是他的推測。第一次歐洲戰爭的結果，在陷入瓶頸的德國，當任何人都構想不出跳脫那種困境的方法時，他卻懷抱著打破凡爾賽條約，必定復興民族的信念。最重要的是希特勒的推測。雖然一開始被當作瘋子，可是當這個推測在數年之間，被國民們認為似乎是事實的時候，於是就對希特勒產生了信任，然後就為維持到今日的狀態。我認為宗教最重要的就是預言。

我想佛教，特別是日蓮聖人的宗教，從預言的角度來看是最為雄偉且精密的東西。仰望天空有著繁多的星星。從佛教上來說那都是同一個世界。雖然不知道是到底哪一個，但在其中有一個稱做西方極樂淨土的美好世界。或許有個更好的也說不定。在那個世界裡一定有位佛祖支配著那個世界。那佛祖有著支配的年代。例如在地球上現在是釋迦摩尼佛的時代。可是釋迦摩尼佛並非永遠地支配著這個世界。是預定有後繼者繼任的。然後就出現彌勒菩薩這位大師。就這樣佛祖的時代就分為正法、像法、末法三個時代。所謂正法就是傳道最純粹佛教教義的時代，像法就是近似於那種教義的時代。

正法	千年	五百年	解脫堅固	
		五百年	禪定堅固	
像法	千年	五百年	讀誦多聞堅固	佛滅一〇一六年，佛教傳入中國 佛滅一四七七年，天台誕生
		五百年	多造塔寺堅固	佛滅一五〇一年，佛教傳入日本
末法	萬年	五百年	鬥諍堅固	佛滅二〇三〇年，延曆寺僧人焚毀三井寺 佛滅二一七一年，日蓮誕生
				佛滅二五三一年，織田信長死亡。

而所謂末法就如字面所示一樣。如此，雖然釋迦摩尼的年代有著各種相異的說法，不過大多數的人相信正法千年，像法千年，末法萬年，合計一萬二千年（參照四〇頁表）。

然而，在一本稱為大集經的經書中更有著最初二千五百年的詳細預言。佛滅後（釋迦摩尼佛死後）的最初五百年是解脫的時代，是遵守佛祖的教義就能獲得神通力，就能夠清楚得知靈界事物的時代。是人類純樸且直覺敏銳的美好時代。大乘經典並非是釋迦摩尼佛所寫的經書。這是釋迦摩尼佛過世後最初的五百年，即是在解脫時代中由許多人所撰著的。我覺得這相當不可思議。許多人花了那麼長久的歲月所撰著的經書中竟然無明顯的矛盾而保持著同一個系統，我認為這是因為在靈界中有著相通的事物才所以能夠實現。雖然說有人說大乘佛教並非佛的教誨而輕視大乘經典，可是大乘經典並非佛的教誨，這卻反而凸顯出佛教的靈妙不可思議。

接著一個的五百年是禪定的時代，因為人類變得不像解脫時代那般地正直的關係，是要靠著坐禪的方式才能開化頓悟的時代。以上的一千年是為正法。在正法千年之中，佛教普及於冥想之國印度，拯救了印度的人類。

接著一個的像法其最初的五百年是讀誦多聞的時代。是教學的時代。為了得到心安而研究佛典，研究佛教理論。從冥想之國印度流傳到組織之國、理論之國中國的是這個像法剛開始的時候，教學時代的初期。在印度，中國人靠著大陸性的毅力一次又一次地讀盡那雜然般論述的萬卷經書，而賦予了經書一個體系。而從事那偉大工作的就是天台大師。天台大師是誕生在這個教學時代的人。天台大師所創立的佛教組織，就連在現代，在眾多教派之間也沒有太大的差異在。

再下一個像法之後的五百年是多造塔寺的時代，即大量建造佛寺的時代，也就是說蓋一間雄偉的寺廟，以精美的佛像作為本尊，點著名貴的檀香，然後以優雅的聲音讀誦佛經。是想在佛教藝術的力量之下獲得滿足的時代。進入了這個時代後，佛教傳入了實行之國日本。奈良朝、平安朝初期優美的佛教藝術就是誕生於這個時代。

再下一個五百年，即末法最初的五百年是鬥爭的時代。釋迦摩尼佛預言進入這個時代後鬥爭會興盛，而普通的佛教力量將會消失。進入末法後，比叡山的僧人綁著頭帶下山來燒毀了三井寺，最後扛著山王菩薩的神轎衝進了京都。到了應站在教誨立場的僧人卻揮舞著拳頭的時代。就如預言所說的一樣。雖然在佛教，佛祖出現在自己的時代，解說所有的思想，必須預言佛教教義廣為流傳的經過，可是一萬年的釋迦摩尼佛卻用二千五百年來搪塞。說自己的教誨因為這二千五百年已經毫無用處這樣不負責任的話，然後大集經的預言就這樣結束了。

天台大師在佛教最高經典的法華經中預言，佛祖在那鬥爭的時代中會派出自己的使者，派出節刀將軍，那使者會履行一個個的道德行為，傳佈一個個的教誨，來指導悠長的末法時代。換言之，釋迦摩尼佛是說在佛滅之後的二千年前後的末法中，因為世界已變得非常複雜，從現在開始一一說明也你們也無法了解，到了那個時代自己就會派出節刀將軍，到時給我服從他的命令就好，說著便死去。進入末法後剛過二百二十年的時候，在佛祖的預言下在日本，且是承久之亂〔承久三年，西元一二二一年〕，也就是日本碰上史上未有的國體之大難時，在母親體內受胎的日蓮聖人，對於承久之亂懷抱著疑問而遁入佛門，然後自覺到自己是為法華經中所預言的本化上行菩薩，遵隨著法華經來規律其行動，把經書中所述的預言完全表現在自己身上。然後稱說會有內亂與外患，而自身的預言就在日本的內亂與蒙古來襲之下成真。如此，隨著該預言的實現漸漸地凸顯自己在佛教上的地位，在預言全部成真之後！就公開自己就是奉派至末法時代的釋尊使者，在日本大國難弘安之役〔第二次元日戰爭，西元一二八一年〕結束後的隔年死去。

日蓮聖人對於將來做了重大的預言。世界必定會以日本為中心爆發前所未有的大戰爭。到時本化上行將會再次出現於世界，在日本國建立本門戒壇，來實現以日本國體為中心的統合世界。在這樣的預言下死去的。

在這裡，身為佛教教學上的外行人這實在是非常僭越，但還是希望能夠容我說明我所信仰的部分。日蓮聖人的教義是本門的題目、本門的本尊、本門的戒壇三個。最先出現的是題目，主神在流放佐渡後出現，戒壇在身延山有稍微說明過，可是時機尚未成熟，應該等待時機，說著便死去。我要說的是；戒壇是日本佔有世界性地位時才開始是必要的問題，在足利時代或是德川時代時機尚未成熟。因此到了明治時代，去年過世的田中智學老師出生於日本的國體開始有著世界性意義的時候，且完成了日蓮聖人的宗教組織，特別是本門的戒壇論，即明確了日本國體論。因此，日蓮聖人的教誨即是佛教，到了明治時代靠著田中智學老師開始有了全面性地、組織性地確立。

可是不可思議的是，日蓮聖人的教義獲得全面性確立的時候發生了重大的問題。就是在佛教徒之中出現了對於佛滅年代的疑問。這是相當嚴重的事，日蓮聖人明明必須誕生在末法初期的時候，可是在最近的歷史研究中發現他似乎是誕生在像法的時代。這樣的話，日蓮聖人就不是預言中所說的人了。明明出現了是否能夠確立日蓮聖人宗教的大問題，可是日蓮聖人的門人卻自我安慰說，歷史過於曖昧無法判斷，不知到哪個才是真的。像這樣的信徒有很多。不是這種人是不會信任。一天四海皆歸妙法變成了夢想。

日蓮聖人的信徒曖昧化這個重大的問題。觀心本尊鈔中寫道「當應知此四菩薩，折伏現時成賢王而誡責愚王，攝受行時成僧而弘持正法」。這兩次的出現雖說是經文所示的，不過可判斷兩者皆是末法最初的五百年。然後行攝受時的鬥爭應理解為主要是佛教內的紛爭。直到明治時代為止所有的佛教徒都相信日蓮聖人誕生的時代末法最初的五百年。在那時代裡，即使說日蓮聖人是像法依然不適用。以末法初期而行動是理所當然的。根據佛教徒所相信的年代計算，末法最初的五百年大概是比叡山的僧人開始作亂的時候開始到信長的時代為止。雖然信長虐殺法華或門徒，因為那個時代是僧人們使用暴力的末期，大致上，佛祖是預言中了。

折伏出現時的鬥爭，我認為應當是世界全面性的戰爭才是。與這個問題的關連上，我們必須思考看看現在是佛滅後幾年？雖然在歷史學者之間似乎有著複雜的議論，但我們先採取常識上所相信的佛滅後約二千四百三十年的見解來看看。如此一來末法的初期就是西洋人發現美洲，來到印度的時候，即是東西兩文明開始引起爭端的時候。那之後，東西兩文明的紛爭逐漸嚴重化，這就是即將要進入最後世界性的決勝戰。

明治時代，即是日蓮聖人全部教義完全顯現的時候，開始引起年代疑問的事情，我相信這是佛祖的神通力。因為末法最初的五百年很巧妙地被區分為兩段來看待，所以我相信世界的統合將應是在真正歷史上的佛滅後的二千五百年結束。所以如此發展下去，到佛教所預想的世界統合為止大約還剩六、七十年。我在戰爭方面上說從現在起五十年，很不可思議的是居然與這很相似。那麼重視預言的日蓮聖人明明做了有世界大戰而世界統合，然後建立本門戒壇的預言。可是不做何時發生的預言，實在不得不說實在是不負責任。然而，這卻沒有預言的必要。因為已經完全知道。已經在等待佛祖的神通力之下顯現的時刻。若非如此話，我相信日蓮聖人一定會事先預言何時發生的。

對於如此見解，我想法華的專家會說這是外行人的穿鑿附會，可是我所最強烈感受到的是，日蓮聖人以後最偉大的人田中智學老師，他在大正七年某個演講中有說道：「一天四海皆歸妙法盤算要在四十八年間得到成就。」（師子王全集．教義篇第一輯三六七頁）是在說從大正八年起約四十八年世界將達成統合。雖然他沒說到底是在做甚麼樣的盤算，但就像天台大師準備了日蓮聖人的教誨一樣，田中老師說時機已到而全面地發表了日蓮聖人的教義——即因是預定完成日蓮聖人教誨的人，我相信這一句話帶著非常的能量。

還有日蓮聖人預言，從印度傳來日本的佛法應會回歸到印度，永照末法的黑暗世界。日本山妙法寺的藤井行勝法師想要實現這個預言而正當前往印度迎合當地人的時候爆發了中日戰爭。英國到處宣傳給了印度人有日本正陷入苦戰情況相當危急的印象。因此與藤井行勝法師友好的印度僧人「耶羅陀耶」拜託行勝法師說「若日本戰敗的話可就麻煩了。我有自身所感悟到的佛舍利子，我希望你能帶回日本供奉」。行勝法師在前年回到日本，並把那舍利子供奉在陸海軍中。據行勝法師表示，錫蘭島的佛教徒堅信，佛滅後的第二千五百年，世界將會由佛教國的王者所統合，而用錫蘭的計算方式來看那個時代即將到來。

第六章　結論

人類前史的終結

總結目前為止所探討的內容可知，無論是從軍事上，還是從政治史的趨勢，或者是從科學、工業的發展，還是信仰上來看，都可確定人類的前史即將終結。我認為那個時代將會出現在數十年之後。如今則是人類歷史上空前絕後的重要時期。

至今在這社會上，仍有相當多的人認為這次的中日戰爭並非常態，假如中日戰爭結束，和平的日子就會到來。並不是那種微不足道的變革。過去，在革命與革命時期之間有一段相當長時間的非非常時期，也就是常態。法國大革命之後到第一次歐洲大戰這段期間，世界情勢一度也是相當和緩的。而第一次歐洲大戰以後的革命時期仍未穩定下來。可是，這個革命結束後接著展開的大變局，也就是人類最後的大決勝戰爭就會到來。今日的非常時期與下次的超非常時期僅在一線之隔。往後的數十年之間將是人類歷史徹底改變的最重要時期。我認為只要國民們有所覺悟的話，就算不用太過於困難的方法也能夠輕易地進行精神總動員。假定東亞能夠在準決勝中出線的話到底會跟誰對戰呢？我先前所預想的應該是美國。但是有件事希望各位能夠了解，那就是現今國家與國家之間的戰爭，大多是為了自己國家的利益而戰的。今日，日本與美國互相仇視，或許會爆發戰爭也說不定。由於從他們的立場上來看，荷屬東印度（印度尼西亞）被日本佔領是不利的，而從日本的立場上來說，自己一面標榜門羅主義一方面又插手干預東亞問題的美國是相當蠻橫的，所以大多也是利害關係上的戰爭吧。在這我並不是在討論那種的戰爭，所謂世界的決勝戰爭並不光只是牽扯到利害問題而已。

不願發動戰爭

為了達成全世界人類長久以來的共同願望——世界統合、永遠和平——就要盡可能地不進行像戰爭那種暴力、殘忍的行為，我們熱切期盼兵不血刃時代的到來，這是我們日夜所祈禱的。可是很遺憾的是人類太不完美了。光靠互講道理，或是述德道義是無法成立這個大事業的。擁有留在世界上最後的選手資格者將會最認真、最努力來迎戰，然後由勝負結果來確立史上第一次世界統合的指導原理。所以，數十年後我們不得不面對的戰爭將是一場為了實現全人類永久和平所必須做出的大犧牲。

即使我們最後要與歐洲集團，或者是美國集團進行決勝戰爭，我們也絕對不要憎恨他們，與他們爭利。雖然進行的是令人顫慄的慘虐行為，但是其根本的精神是與在武道大會上兩方選手在擂台上全力奮戰的精神是一樣的。人類文明的歸著點是由我們發揮全部力量，然後堂堂正正地決鬥來接受神的審判的。

身為東洋人，尤其是日本人要永遠保持著正義之氣，絕對不可做出侮辱敵人、憎恨敵人的行為，必須要以十分尊敬敵人、帶著敬意的態度來堂堂正正地與敵人決勝負。

有某個人對我說，你所說的是正確的，因為是正確的所以不要到處說給別人聽，對手會有所準備的，所以暗地裡進行就好了。這樣做的話就稱不上是東亞男子漢，日本男人，不是東方的道義。這也絕對不是皇道。沒錯！就讓他們做準備吧，對方也做充分的準備，我們也做準備，必須打一場光明正大的戰爭，這就是我的想法。

但是我必須事先說明的是，最後將會擁有成為世界優秀民族本質的，是能夠早日悟透如此大時代意義的聰慧民族與國民。從這觀點來說，我確定為了達成昭和維新這偉大目標，讓全日本國民與全東亞民族早日理解這個劃時代的精神正是我們最重要的任務。

附表一　戰爭進化景況一覽表

時代		戰爭的性質	兵制	戰鬥：隊形（隊）	戰鬥：隊形（形）	戰鬥：指揮單位	戰鬥：指導精神	年數	政治史之大勢
古代		決戰戰爭	全民皆兵	方陣	點	大隊			從國家對立到統合
中世								1000	宗教支配
近代	使用火器以後	持久戰爭	傭兵	橫隊	實 線 點	中隊	專制	300乃至400	新興國家之發展
近代	法國大革命以後	決戰戰爭	全民皆兵	散兵		小隊	自由	125	國家主義興盛
現代	歐洲大戰以後	持久戰爭	全民皆兵（全體男子）	戰鬥群	面	分隊	統制	50前後	聯合國家
未來	最終戰爭以後	決戰戰爭	全民皆兵（全體國民）		體	個人		20前後	世界統合

第二部　戰爭史大觀

石原於昭和十六年（一九四一年）四月八日完成序文於東京。分為三篇：

第一篇為《戰爭史大觀》，係昭和十五年（一九四〇年）一月在京都修改昭和四年七月於長春的演講稿所成。

第二篇為《戰爭史大觀的序說》（後來名稱：《戰爭史大觀的由來記》），乃昭和十五年（一九四〇年）十二月三十一日在京都脫稿。

第三篇為《戰爭史大觀的說明》，係昭和十六年（一九四一年）二月十二日脫稿。

昭和四年七月於長春演講要旨
昭和十三年五月訂正於新京
昭和十五年一月修正於京都

第一篇　戰爭史大觀

第一　緒論

一、戰爭的進化與人類一般文化發展之步調一致。即研究一般文化的發展，可推斷戰爭發展狀態，並且得知戰爭進化趨勢之時，就是獲得判定人類文化發展方向上最有力的根據。

二、戰爭的滅絕是人類共通的理想。然而數千年的歷史已經證明；光從道義的立場卻是難以實現的。因此，戰爭技術的徹底進步是帶來絕對和平最有力的因素，而且這個時期已逐漸逼近之中。

三、戰爭指導、會戰指揮等，這兩者會交互進化，相對地戰鬥方法與軍隊編制也會整然有序地進步。即戰鬥方法發展至最後，戰爭指導徹底傾向最符合戰爭原本之目的時，就是人類鬥爭力發揮到最極限之時，也是走向絕對和平的第一步。

第二　戰爭指導要領的變化

一、戰爭原本的目的就是以武力徹底地壓倒敵人。然而，在種種原因之下，也多有武力本身無法解決的現象。前者稱為決戰戰爭，後者稱為持久戰爭。

二、在決戰戰爭中以武力為首要，外交、財政只帶有次要的價值，可是在持久戰爭中隨著武力絕對位置的降低，財政、外交的地位就跟著提高。即前者的戰略超越政略，而後者政略重要性逐漸升高，最後將帥會在政治的方針之下來指揮作戰。

三、持久戰爭通常以長時間進行，隨著武力價值的高低而帶來戰爭狀態的種種變化。即武力的施行之下，會有以會戰為主還是小規模戰鬥為主，或是以機動為主等各種狀況的出現。而造成持久戰爭的主要原因如下。

I 軍隊價值低落。

十七、八世紀的傭兵，最近中國的軍閥戰爭等。

II 相對於軍隊的移動力，戰場面積廣闊。

拿破崙的俄國戰役、日俄戰爭、中日戰爭等。

III 攻擊威力無法突破當時的防線。

歐洲大戰等。

四、觀察兩種戰爭型態的消長，發現古代採全民皆兵政策且進行決戰戰爭。在歷經中世紀黑暗時代，文藝復興發展的同時也衍生出新的用兵技術，重商思想導致傭兵制度的結果則形成了持久戰爭的時代。腓特烈大帝將這時代的用兵技術發展至頂點。腓特烈大帝死後三年所發生的法國大革命導致傭兵轉變為全民皆兵制而帶來戰術上的大變化，拿破崙開始運用殲滅戰略，而進入了決戰戰爭時代。在老毛奇、施里芬等人的運用之下殲滅戰略得到了更進一步的發展，可是防禦能力的提升，在波爾戰爭、日俄戰爭之中，殲滅戰略的運用已出現了困難，最後在歐洲大戰爭陷入了持久戰爭狀態，在坦克、毒氣的使用下，各交戰國極力地想擺脫困境，卻在無法達成目的的狀況下結束了戰爭。

五、一般人相信，長期戰爭是現今戰爭的常態，可是歷史卻暗示著決戰戰爭的時代會再次到來。而未來戰爭，其目標恐怕是敵國國民，會在給與敵國中心部位一次致命的打擊之下，徹底帶來真正的決戰戰爭。

第三　會戰指揮方針的變化

一、會戰指揮的要領可分為：一開始先確立會戰指導的方針，然後在這方針之下一舉且迅速地進行決戰，與會戰一開始先盡可能地造成敵人損害，同時保留我軍兵力再見機進行決戰兩種。

二、要採取何種方式則由將帥及軍隊的特性與當時武力的強韌性來決定。希臘的方陣適合前者，而羅馬軍團則適合後者。這主要是兩國的民族性使然。接近希臘民族的德國與接近羅馬民族的法國，比較兩國在歐洲大站初期所實施的會戰指導方針，可以發現很有趣的對比。還有，雖說指導方針的運用是依照武力的性質，可是德意志民族中出現前者的專家腓特烈大帝，而拉丁民族中出現後者的專家拿破崙，這很難說這是一種偶然。

三、在橫隊戰術中採用前者較為有利，拿破崙時代的縱隊戰術在梯次兵力的部署下增加了戰鬥力的強韌性，而且增加了側面的強度，因此自然地使用後者較為有利。

之後，在火器的發展之下，隨著正面更加堅固，導致戰鬥正面的擴大，漸漸地更接近於橫隊戰術。在歐洲大戰初期，德軍入侵法國的方法就與洛伊滕會戰的指導原理相通。在歐洲大戰中，在無法包圍敵軍側翼之後，就開始以縱深隊形來進行突破敵人堅固正面防線的攻擊，會戰指揮就進入了以第二線決戰為主的時期。

第四　戰鬥方式的進步

一、古代的密集戰術是「點」的戰法且以大隊為單位。橫隊戰術是「實線」的戰法且以中隊為單位。散兵戰術是「點線」的戰法所以自然以小隊為主。戰鬥的指導精神，在橫隊戰術上以「專制」，散兵戰術則是「自由」。日俄戰爭後，射擊的指揮權回到中隊長的手中，這例子凸顯出日本人多勞的特性。如果不把散兵戰鬥的指揮委任給小隊長的話，那麼該民族可說是在此戰法時代中的落伍者。

戰鬥群戰術是「面」的戰法且單位為分隊。此戰鬥指導的精神是統制。

二、實際上，戰鬥法的進步並不如右述般單純，但戰鬥法是以這趨勢在進步是不可否認的。

三、未來的戰術是「體」的戰法，且以個人為單位。

第五　參與戰爭兵力的增加與國軍的編制

一、職業軍人的傭兵時代兵力規模不大。在徹底的全民皆兵之下，兵力逐漸增加，在歐洲大戰時，全體的健康男子都入伍從軍。

二、未來，戰鬥人員的採用恐怕會由義務朝向義勇演進，戰爭爆發時全體國民將投入戰爭的漩渦之中。

三、國軍的編制會隨著兵力的增加而逐漸擴大。特別值得注意的是在一八一二年的拿破崙戰役中，實際上雖然是三個軍團的編制，可是仍是採一個軍團的指揮方法，而造成相當大的不便，在歐洲大戰前的德軍雖在思想上已認為有編制集團軍的必要．可是最後還是無法依照想法實行，而是把第一、第二、第三軍團交由第二軍團司令官指揮，而成為在國境會戰上讓法國第五軍團逃脫的一大原因。

德軍也同樣熱衷於戰史的研究。但還是不得不深深痛覺人智的淺薄。

第六　未來戰爭的預想

一、歐洲戰爭是歐洲各民族的決勝戰。不應稱為「世界大戰」。

第一次歐洲大戰後，西洋文明的中心轉移至美國。接著而來的決戰戰爭是以美日為中心的戰爭且是真正的世界大戰。

二、觀察前面所述之戰爭的發展，可看出此大戰是以空軍所進行的決戰戰爭，而從下列各項來看，這是運用人類鬥爭力的最極限的戰爭，是人類最後的一場大戰。即在這大戰之下世界達成統合，是跨出絕對和平的第一步。

I是真正徹底的決戰戰爭。

II是我們無法以體的思考模式來理解的。

III全體國民會直接參與戰爭，而且戰鬥人員以個人為單位。即發揮各人能力的最極限，並運用全體國民的所有力量。

三、若非此，則此戰爭發生時機將不會到來。

I東亞各民族的團結，即東亞聯盟的成立。

II美國完全位於為西洋的中心位置。

III決戰用武器達到跳躍性的發展，尤其飛機要能輕易做到無著陸而繞行世界一周。

右述三條件幾乎以同速度進行中，絕對不是發生在遙遠的將來。

第七　於現今我國的國防

一、以天皇為中心作為東亞聯盟的基礎，首先要以日滿中共同體的完成作為現時的國策。

二、所謂的國防就是國策的防衛。即現今的國防是預期持久戰爭，因此要求以下能力。

I 能夠對抗蘇聯陸上與美國海上，防衛東亞的武力。

II 以目前日滿共同體的日滿兩國為範圍，獲得自給自足的經濟能力。

三、滿洲國在東亞聯盟防衛上的責務相當重大。特別是對於蘇聯的侵略上，必須要有與在大陸日本軍聯合擊潰蘇聯侵略的自信心。

附表二　近世戰爭進化景況一覽表

時代	戰爭的性質	作戰：目標（作戰要領）	作戰：會戰性質	作戰：戰鬥：隊形	作戰：戰鬥：隊形	作戰：戰鬥：單位	作戰：戰鬥：指導精神	軍制：國軍之編制	軍制：兵役	軍制：兵役
腓特烈大帝	持久戰爭	土地	第一線決戰	橫隊	線	大隊	專制	師團	常備傭兵	職業
拿破崙	決戰戰爭	軍隊（會戰前集結）	第二線決戰	散兵：縱隊	線	大隊	自由	軍團	全民皆兵：兵數逐漸增加	義務
老毛奇	決戰戰爭	軍隊（會戰地集結）	第一線決戰	散兵：中隊縱隊	線	中隊	自由	數軍團	全民皆兵：兵數逐漸增加	義務
施里芬	決戰戰爭	軍隊（向敵人側背）	第一線決戰	散兵：散兵	線	小隊	自由	數軍團	全民皆兵：兵數逐漸增加	義務
歐洲大戰	持久戰爭	土地	第二線決戰	戰鬥群	面	分隊	統制	數集團軍	全民皆兵：全體健康男子	義務
最終戰爭	決戰戰爭	國民（向敵國的中心）	一舉決戰		體	個人			全民皆兵：全體國民	義勇

第二篇　戰爭史大觀的序説（別名《戰爭史大觀的由來記》）

日俄戰爭的陰影

自從我開始研究軍事學，特別是進入陸軍大學校之後，最令我感到疑惑不解的，就是日俄戰爭的問題。的確，日本在日俄戰爭中獲得了大勝利。可是，無論如何地思考研究，都感到這場勝利是贏在僥倖上。假使俄羅斯能夠繼續堅持抗戰下去的話，日本恐怕無法獲得戰爭的勝利。

日本陸軍從德國陸軍身上學到了不少的知識，並且把德國的毛奇將軍奉為日本陸軍的師表。日本陸軍至今仍未完全脫離德式色彩。例如在部隊的生活上特別的明顯。採用西洋式制服是沒有錯，但是採純西洋式的軍營到底恰不恰當？軍營中只有脫鞋是日本式的，但卻強制鄉下出身的士兵坐凳子，還有擠在狹窄的床鋪上。或許突然改變士兵們的生活習慣是震撼教育，是讓他們屈服於不習慣的集體生活與絕對服從紀律的一個手段，可是在國民對於服兵役的榮譽感已經逐漸提升的今日，將部隊的生活模式與國民生活之間取一個協調則是有必要的。不僅如此，更要在所有細節上做到全盤的考量。

而有關於軍事學上，在戰術方面由於是經驗性質的，所以自然而然趨向於日本式的風格，但是有關於總體戰略，也就是戰略指導方面，怎麼看都有毛奇的影子。雖然現今戰略思想從魯登道夫轉到希特勒式的（？），但仍舊未脫離德國的風格。

日俄戰爭時是依據了毛奇的戰略思想！是將「將主戰場引導至滿洲地區，以敵軍主力為目標並迂迴攻擊敵軍主力北側，艦隊直接迎戰並擊潰敵軍太平洋艦隊以取得遠東的制海權………」的作戰方針下進行作戰的。企圖以武力來迅速屈服敵人，如果是德國以此對法國作戰的話；以如此要領來擬定作戰計畫便已足夠了。作戰計畫本來就是在第一次會戰前就已經是擬定好的東西。

然而日本與俄羅斯的情況和德國與法國的情況是完全不相同的。日本對俄戰爭上不僅是作戰計畫，對於戰爭整體上不是也應該預先做好明確且全盤的考量嗎？這是我從年輕時期以來就一直抱持著的一個大疑問。

在日俄戰爭時期，若日本當初能夠更深刻分析探究對俄戰爭的本質的話，或許日本就沒有勇氣做出那樣的舉動了。因為這樣，對毛奇戰略的囫圇吞棗可說是拯救了整個國家。今日已是日本受到世界列強環伺的時代，所以必須正確認清時代的真相，並在這樣的認識之下確立國防的總體方針才行，這是我一直以來的苦惱。

陸軍大學校畢業後，我到教育總監部服務，大約半年後就被派赴到漢口的中支那派遣隊司令部了。當待日本軍有一個大隊駐紮在漢口。而在漢口服務的兩年期間，我潛心研究的，就是上述的疑問。可是因為缺乏閱讀能力的我，尤其是沒有適當的軍事學書籍的關係，只好依據東亞的現況來想像一下我國的國防，將戰爭區分為決戰性的與持續性的兩種，並假設日本會遭遇到後者而進行了研究考察。

傾心於拿破崙的研究

俄羅斯帝國的崩解使得日本過去以俄羅斯為研究中心產生了重大的改變。實際上這也影響了日本陸軍，並且改變各種型式；其影響直至今日產生了頗大的作用。俄羅斯解體的同時，美國也增加了對東亞的關注。美日對抗的沉重氣氛，日積月累越來越是凝結，結果上來說，為了解決東亞問題，應該從根本做好對美戰爭的準備的，於是我在這樣的判斷下，在漢口時代大部分的時光都在思索如何應付這個持續性戰爭的問題。當時我也曾拜讀過被認為是日本國防論的最高權威，佐藤鐵太郎中將的《帝國國防史論》一書。這本史論被認為是明治以後由日本人所著軍事學書籍中最有價值的一本。可是很遺憾，這本書讓我無法認同的一點就是，他把日本與英國國防的條件視為相同，忽略了兩國之間重大的差異。於是，當時我思索研究的結論就是加深了過去長年以來我認為拿破崙對英國的戰爭才是對我們最有價值的研究對象這樣的認識。明治四十三年，駐守韓國的時候拜讀了箕作博士的《西洋史講話》後所得到研究拿破崙的領悟，便從此不斷地影響了我的想法。

但是箕作博士所論的也不過是原封不動地引述馬漢（美國海軍少將）的思想而已。關於這一點，幾年後箕作博士來陸軍大學校擔任教官時，我曾經一度批判過他，博士聽了之後也請我過去拜訪他並聽他說明，可是卻苦無機會登門求教，直至今日仍是覺得相當的遺憾。

大正十二年，我留學德國。某日，安田武雄中將（當時是上尉）向我說明了魯登道夫一派與柏林大學的戴布流克教授之間的爭論後，我感覺到這是對我多年以來的研究點了一盞明燈，於是開始接觸了一些有關這方面的書籍。但是因為我語言能力的不足，缺乏閱讀能力，或許只是得到一知半解的知識而已，不過，總之我還是能大致理解到戴布流克教授的殲滅戰略、消耗戰略思想，而開始頻繁地使用這兩個名詞，並在陸軍大學校的歐洲古代戰史的課堂上，把這兩個名稱做為戰爭的兩大性質來使用。

在趕赴德國的途中，過境新加坡的時候，在國柱會（法華經宗教團體）所舉辦的歡迎會上，我強調了新加坡戰略上的重要性，並且斷言英國為了壓制不穩定的印度與防衛澳洲而會把新加坡要塞化。因為在這之後不久，我的預測成真，所以還曾收到從當時在座的客人那寄來訴說深切感慨的問候信。

留學德國的兩年期間，我興趣上主要做的是有關歐洲大戰自殲滅戰略轉變到消耗戰略方面的研究，但因為我語言能力的不足與怠惰，實在是說不上做了十足的學習，實在是非常汗顏。我開始一點一滴地研究歐洲大戰的同時，也認為研究引起戴布流克與德國參謀本部開始論戰的腓特烈大帝是有必要的，加上過去所想做的拿破崙研究，所以認為腓特烈大帝的消耗戰略到拿破崙殲滅戰略的變化與歐洲大戰的變化是軍事學上最值得令人玩味的研究課題，於是就開始購買收集研究兩位名將所需要的一些書籍了。

戰爭由空軍決定

從明治末年到大正初期的會津若松步兵第六十五聯隊是日本軍隊中氣氛最緊張，最富有活力的聯隊。這個聯隊是新設立的聯隊，而且移調了東北地方各聯隊最不受歡迎的人物來當幹部。這個部隊貫徹了團結一致，訓練優先的主義。明治四十二年末，我任少尉軍官同時從山形縣的步兵第三十二聯隊轉調至若松的部隊服務，到大正四年進入陸軍大學校為止，我在這個部隊度過了這一生中最愉快的時光。不，在陸軍大學校畢業之前，在休假日我把第四中隊的下級軍官寢室當做根據地，與士兵們一同生活的時光也是過得極為幸福的。

我自己本身是並未想過要報考陸軍大學校的，可是不太喜歡我的長官們也認為自聯隊創設以來從未有人進入陸軍大學校就讀，因此為了聯隊的名譽，於是就強迫軍官學校畢業成績比較好的我去報考陸軍大學校。如果我並未如願進入陸軍大學的話，我恐怕會以一位充滿自信的部隊隊長，奉行身為一位軍人的天職，老早就已馬革裹屍戰死沙場了吧。然而，我的入學考試竟然及格了。連我的朋友都感到相當不解地問道：「石原，你甚麼時候開使用功的？

這太不可思議了！」好像認為我應該是在趁著他人都睡著後念書的。因為覺得這樣有點幼稚，所以也沒回說甚麼，不過我一早起床就到聯隊出勤，聽到熄燈號的時候通常都是在軍官集會所的澡堂裡的，平常我回到寢室就已經累癱，而且穿著軍服就直接上床睡覺了。可能當時記憶力還算不錯，我想能通過入學考試應該只是運氣好罷了。可是這卻讓聯隊及在會津的其他人感到相當的不可思議。

雖然在山形縣服役的時期，我最大的興趣也是對於士兵的教育，可是在會津的那幾年對於士兵的積極訓練，尤其是刺槍術至今仍是令我難以忘懷。由這個積極的訓練所培養出來的是對於士兵敬愛的心情，而令我煩心的是忠君報國精神的原動力國體，如何把關於其精神的原動力之國體的信念感激深植於將生命奉獻給君國，如神明般的士兵的腦海裡。由於我自幼年時代學校以來的教育，我自信我從未對國體的信念有過任何的動搖，雖然我對自己相當有信心，可是在還沒有擁有讓士兵、世人甚至外國人領會的自信之前是無法令我安心的。記得有一段時間我認真地閱讀了一本對我來說有些困難的書，是筧作博士所著的《古神道大義》，最後我終於在日蓮聖人的面前，獲得真正的安心，於是大正九年在趕赴漢口之前我成了國柱會的信行員；特別是日蓮聖人的「前所未有的大鬥爭將起於一閻浮提中」的教訓給予了我軍事研究上不動的目標。

戰鬥方式以幾何學上的正確性發展至今，也就是戰鬥隊形由點至線再到面，這是我在陸軍大學校在學時期所得到的靈感。（不，這或許在這之前就有了）。被認為是曾田中將所寫，並在大正三年夏天以「偕行社記事別冊」的名義所發表的「兵力節約案」，我相信這是朝向面性戰術的世界性思想先驅。我看過這個節約案後感到非常的有趣，這個經驗我至今仍記憶鮮明。在教育總監部服務的那段期間，當時我國陸軍對於將散兵戰術改變為像今日這樣戰鬥群戰術的態度是非常消極的。在獲得這個思想後，於是我就帶著自信心，很積極地去表達這樣的意見。

我對於最終戰爭的想法是：

1　如日蓮聖人所開示是為了世界統合的大戰爭。

2　兩種戰爭性質的交互作用。

3　戰鬥隊形由點至線再到面，然後進階為體。

這三個重要因子正在持續形成，我到柏林留學後完全獲得了驗證。是大正幾年我已經記不得了，緒方大將一行人為了進行武器的觀摩而在歐洲的旅途中來到了柏林，當時大使館武官舉辦宴會，我們駐在人員也出席了這場宴會。輔佐官坂西少將（當時為上尉）提議做五分鐘的演說，於是第一個就點到我，我便站起來說：「到處去看大砲等武器到底是有甚麼用處？再過不久戰爭的勝負將由空軍來決定，而世界將會統合，所以從今而後國家應該舉全國之力培養可以製造最優良飛機的能力才是最優先的。」緒方大將（上將）聽了我的發言後似乎感到有些吃驚，於是數年之後在陸軍大臣官邸碰到緒方大將時他還特地跑來跟我打招呼。

大正十四年秋天，我從德國經過西伯利亞回國的途中，在哈爾濱被國柱會的同志們強迫做一個公開的演說。我在會場說：「為了大地震的震災花了十億的龐大費用在重建東京上，這實在是愚蠢至極的。因為朝向世界統合的最終戰爭即將到來，在那之前的數十年都是要生活在臨時住所裡的，應該要在戰爭結束後募集全世界的捐款來重建世界的首都。」我至今仍記得，在場的人聽了之後都傻眼了。

美國的詛咒

從德國回來後，我到了陸軍大學校擔任教官。大正十五年初夏，已故的筒井中將找我商量，要我在下一年針對二年級學生講授歐洲古戰史，但是我相當猶豫該不該開課的時候，筒井中將再三的鼓勵，加上這原本就是我最感興趣的課題，於是便鼓起了勇氣接受筒井中將開課的要求了。

就這樣在同年夏天，我把自己關在會津的川上溫泉這個地方專注閱讀日文的資料，當然這是個臨時抱佛腳的內容，不過因為以授課重點之最終戰爭為結論的戰爭史觀已經大致在我腦海裡整理完成，總之，先拿出來應付一下，於是就從大正十五年末開始共講授了十五次的課程。而「近世戰爭進化景況一覽表」就是這時候整理好的。

昭和二年，同樣是針對二年級學生的授課有三十五次，不過因為這次時間較為充裕，於是我便研究了一下從德國帶回來的資料，更麻煩在德國的原田軍醫少將（當時為少佐）、駐奧地利武官山下中將幫我收集不足的資料。於是在昭和元年到二年之間的寒假中，我在安房的日蓮聖人的聖蹟裡整理了我的思緒，完成了概略的講義內容。當然，基本理論與上年度的內容是沒有改變的。當時陸軍大學校的幹事坂部少將熱切地希望能夠拿去印刷，不過，並非是做過嚴謹探討的內容，於是沒有勇氣答應他，因此直到現在仍保留在我身邊。

為了準備昭和三年度的課程，要再次修正上年度的講義筆記之前，剛好碰到過去以來我最關心的拿破崙與英國戰爭時封鎖歐洲大陸的問題，於是開始盡全力整理資料，在昭和二年到三年的新年期間，我帶著這些資料到伊豆的日蓮聖人的聖蹟來構思內容並在正月中旬準備開始起草的時候，卻染上流感而不得不中斷。病癒後，要再次準備著手整理的時候又患上了中耳炎，約半年的時間都住院在陸軍軍醫學校，結果最後卻是未能完成整理。在那之後也是一樣，這個研究，特別是正要開始執筆的時候總會很不可思議地罹患上疾病，就好像是在開玩笑地說「可能是美國的神明拼命地在扯我的後腿吧。」

就任關東軍參謀

昭和二年晚秋，我到伊勢神宮參拜的時候感受到國威向西方散發燦然光輝的靈感。回來後，我向我最為尊敬的佐伯中佐說到這件事的時候，他的表情有點不悅，說這種事不該向他人提起，因此我也就沒對任何人說過這件事而一直埋藏在心裡，可是當時那嚴肅的心境至今仍深深地烙印在我的腦海裡。

昭和三年十月，我轉任去填補關東軍參謀這個空缺，當時關東軍參謀不像現在是一般人所認為的一個好職缺。在旅順，關東廳與關東軍幹部舉行集會的時候，關東廳課長級的年輕幹部都可出席，可是關東軍僅有高級參謀，高級副官可以出席而已，像我這種作戰主任參謀可是沒有列席資格的。由於無法與南滿鐵道公司的理事同席的原因，當時因為奉天軍營的問題而被滿鐵的地方課長嚴格訓斥的經驗我至今仍記憶深刻。

在轉任關東軍參謀的時候，我也是帶著今後也要繼續研究歐洲古戰史的認真態度去赴任的。特別是決心要排除萬難完成拿破崙對英國戰爭的研究。可是罹患中耳炎的後遺症相當嚴重，無論做甚麼事總是很容易感到疲累，結果還是無法貫徹我的初衷。在駐紮漢口的時期因為一氧化碳中毒，至此之後脈搏的跳動就變得很不穩定，有時候會很嚴重，還有從漢口回國後，因為染上瘧疾等病的關係，從此以後健康就不如往昔了，而且中年患上中耳炎是完全損害了我的健康，尤其在九一八事變當時，有大半的時間都是躺在病床上處理公務的。

在旅順就因為這樣而無法完成我預定的計畫，不過因為在陸軍大學校擔任兩年教官時的授課內容並未完成，特別是受到戴布流克的影響太過於強烈，於是覺得把戰略指導的兩種方式，也就是把戰爭的兩種性質命名為「殲滅戰略」與「消耗戰略」似乎有些不太恰當；因此從這時候起我就把戰爭的性質改稱為「殲滅戰爭」與「消耗戰爭」，來與戰略上的「殲滅戰略」與「消耗戰略」之間做一個明顯的區隔。

我把「殲滅戰爭」與「消耗戰爭」改稱為「決戰戰爭」與「持久戰爭」則是九一八事變以後的事了。

板垣征四郎大佐

昭和四年五月一日，各地的特務機關首長來到了關東軍司令部並舉辦了一場所謂的情報會議，當時關東軍司令官是村岡中將，這剛好是河本大佐調職，板垣征四郎大佐到任的時候。我記得奉天的秦少將、吉林的林大八大佐也在場。這個會議有個非常重要的意義，那就是在會議中所得到的結論是張作霖被炸死後，滿洲問題似乎沒有解決的跡象，一旦發生任何問題，最後恐怕會爆發全面性的軍事行動；所以有必要針對這個可能性做徹底的研究。結果，昭和四年七月任命板垣大佐為總裁官，帶著關東軍獨立守備隊、駐在師團的各參謀到哈爾濱、齊齊哈爾、海拉爾、滿洲里等地進行了一連串的參謀研習之旅。

研習的第一天在火車上進行了一場研究會，然後到達長春。為了能夠在火車上舉辦研究會而須借用了一個景觀車廂的特別室，這讓我想到當初為此還給派駐南滿鐵道公司的軍官添了不少的麻煩。第二天的研究是我的《戰爭史大觀》，為了說明上的方便所寫下的要旨備忘錄就是《戰爭史大觀》第一版。第三天移動到哈爾濱繼續做研究，在北滿飯店我半夜起來上廁所的時候，看到板垣征四郎大佐寢室的燈還亮著，於是進去一看，發現板垣大佐正在整理我昨日演講內容的筆記，這實在讓我感到非常驚訝。我原本以為軍事地理學科班出身的板垣大佐，只對數字有興趣而已，沒想到對我的研究還那麼熱衷學習，實在是一讓我非常感激。

從那時候開始滿蒙問題就越來越難解決，我也在大連兩三場有關於我的戰爭觀演講中強調「今日為了在有必要時果斷實行日本認為是正確的行動，絕對沒有必要害怕世界的壓力」。雖然在時勢的逼迫下也出現了聽從我意見的人，但九一八事變發生後，我的《戰爭史大觀》還是被印刷成冊而送到一些人的手上。因為這層關係，所以滿洲建國的同志們在事變之前就已經知道《戰爭史大觀》，特別是事變爆發後〈太平洋決戰〉漸漸成了一個問題，也與在事變之前就已被倡導的；伊東六十次郎歷史觀有著共通點而特別引起了人們的興趣，從那時候以來就不斷地對滿洲建國，東亞聯盟運動的世界觀給予若干影響，經過十年的歲月後終於有了今日的東亞聯盟協會宣言。

以戰養戰昭和

七年的夏天，我離開了滿洲國，年底我被派遣到國際聯盟參加聯盟的總會，於是我便前往了日內瓦。因為在日內瓦也沒有特別要處理的工作，於是我就去收集了有關腓特烈大帝與拿破崙的資料。昭和八年正月，我前往柏林並住坂西武官室的一間寢室裡，在石井（正美）輔佐官的協助下收集了資料。回國之後，石井輔佐官及宮本（忠孝）軍醫少校在資料收集上也幫了我不少的忙。雖然不是甚麼了不起的事，不過靠著先前提到一些人的熱心幫助之下，在日本，研究法國大革命帶來持久、決戰戰爭變化，也就是有關絕代名將腓特烈大帝與拿破崙的軍事研究資料中，我手上的可說是最完整的。為了報答前輩、朋友的恩情我決心持續做這方面的研究，可是之後因為健康狀況不允許及職務上的關係，以至現在仍毫無成果，資料也是處於未整理的狀態。現在，我的記憶力已經衰退，加上德語的閱讀能力已經歸零，恐怕無法完成我這一生的責任，實在是感到非常的抱歉。而我也期望其他有志之士的出現。

中日戰爭爆發當時我擔任作戰部長這個重要的職務，但我到底還是無法負荷這個重責，於是就在十月轉任到關東軍的單位。如果是文官的話，這時候當然是要辭職的，可是軍人卻是沒有這樣的自由。昭和十三年，我接到大同學院有關國防議題演說的請託，於是我就把《戰爭史大觀》做為演講稿並做了若干的修正。

關於〈將來戰爭的預想〉方面，舊稿所提到的美日戰爭，這裡我明確地指出是「東亞」與西洋文明的代表國家「美國」，而在〈目前我國國防〉方面則是做了全面的改寫。昭和四年的版本如下。

1 在歐洲大戰導致德國戰敗的一個主要因素是，德國參謀本部沒有理解到戰爭的本質。在大戰爆發前就有學者發表有關這樣的意見，那位學者就是戴布流克先生。

2 日本在日俄戰爭時的作戰計畫只是沿用「毛奇」戰略，戰爭的勝利大多是靠天運。目前我們所思考日本的消耗戰爭是起因於廣大的作戰區域，這根本上與歐洲大戰有所不同，反而與拿破崙對英國的戰爭相似。對所謂國家總動員有著重大的誤判，如果非得動用百萬大軍的話，那麼日本除了破產之外，就算是獲得勝利也會陷入無法進行戰後重建的苦境之中。

3 俄羅斯的解體是天賜良機。

日本在目前的狀態下與世界為對手，在東亞的天地上進行持久戰爭，抱持以戰養戰之主義，靠著長期戰爭，建立自給自足的工業以充實國力，來迎接殲滅戰爭的到來。

昭和四年左右，蘇聯政局仍處於混沌未明的狀態，阻礙日本對中國大陸經營的國家主要是美國。昭和六年，起草「為解決滿蒙問題的戰爭計畫大綱」方案。雖然內容極為簡單，不過當時尚未有人使用「戰爭計畫」這四個字，其他有關作戰計畫以外的戰爭計畫，也就是以所謂「總動員計畫」的名義起草的，但是內容只不過是戰爭計畫的其中一小部分而已，而且這計畫似乎有沿用第一次歐洲大戰時歐洲各國經驗的傾向，所以這部戰爭計畫大綱對於不斷思索戰爭整體問題的我來說是一部值得紀念的代表作品。

蘇聯軍隊的威脅升高

東亞的局勢在昭和十三年的時候完全改觀，蘇聯在東亞以強大的軍備進逼滿洲北部，而美國則尚未完全顯露出其鋒芒，不過九一八事變之後逐漸增強的美國軍隊，或許有一天會更加堅強也說不定。也就是日本無法像十年前趁著俄羅斯解體的機會一樣，而是以美國為主要對手，日本已是處於無法期待以戰養戰這種戰爭的狀態之下了。

於是在形成持久戰爭的預設下，改寫為針對以美蘇為中心的全面性壓迫而以武力與經濟力之建設為國防目標。

也就是說自由主義時代結束的同時，也必須排除「如果非得動用百萬大軍的話，那麼日本除了破產之外……」這樣老舊的觀念。

昭和十年八月，我被任命為參謀本部課長。這是我第一次到三宅坂服務，在這裡我碰到了各樣意想不到且令我吃驚的事件。九一八事變以來僅四年，在九一八事變之前日蘇在東亞的戰力可說是在伯仲之間，可是到了昭和十一年日本在滿洲的兵力僅有蘇聯的數分之一而已，尤其是空軍與戰車已無法與蘇聯匹敵，這幾乎快變成世界性的常識了。

有關日本對蘇聯的軍備，以下兩點是沒有人有任何的異議的。

1　可應付蘇聯在東亞可用兵力的軍備

2　在中國大陸佈署與蘇聯在東亞軍備同等的兵力

從這簡單明瞭的觀點來看，我期望能夠大量增加在滿洲的軍備。可是我當時的想法是太過於消極，至今實在是令我感到相當汗顏。因為我是個膽小的人，所以容易被日本政治現況所左右。可是社會上好像也有稱讚我提出了非常有遠見的要求。

明治天皇的聖諭

剛好在那時候來到東京的星野直樹先生（那時我還未見過本人）他通知我，大藏省的局長們希望能夠向我說明日本財政的現況，當我回覆他沒這個必要之後，因為得知他們希望能夠聽一下有關日本國防上的意見，所以我也就答應，於是我們就在山王飯店星野先生的客房裡見了面。對方除了星野先生之外，賀屋（興宣，之後的大藏大臣）、石渡（莊太郎，之後的大藏大臣）、青木（一男，之後的大東亞大臣）等三人也在場。賀屋先生首先說明了有關日本財政的狀況。雖然這跟之前的承諾不一樣；但我也想忍耐一下打算等他說完後，再於軍機許可的範圍內用我最真誠的態度來說明我在國防上的意見。可是在說明完後，對方卻以抗議與質問的口吻說：「以現在日本的財政是無法負擔的」、「沒有錢就是沒有錢」。於是我回答說；「明治天皇諭示我們軍人《勿受輿論迷惑，勿被政治束縛，僅須一心盡好軍人本分》，無論財政狀況如何；你們如何困擾，我還是會嚴格要求在國防需要上最低限度的。」在告知完我的要求後便告辭離開了。

社會上似乎有把我這種態度與主張看成是一種計策手段，但我絕對沒有這個意思。再怎麼樣軍人是不可能把天皇聖諭拿來當作討價還價工具用的。

國防國家是因應時代需要

這個社會已經越來越感受到需要一個國防國家了。從軍人的觀點來看，所謂的國防國家就是軍人一點都不用擔心作戰以外事務的狀態，軍方的角色是必須提示國家軍事上最明確的要求。我除了抗議世人的誤解之外，同時，我也建議我的同事及後輩的各位至少要抱持著跟我相同的態度。

我做了一個實驗性質的計劃案並請一位精於估算的友人幫我預估了計畫案所需要的作戰費用。友人向我提出的預算與我所立案的心理狀態是一致的，看來友人似乎是勉強做了一個最保守估算。

在我的構想之下，軍方要向政府明確提出軍方所需軍備，而政府應該建設因應軍方所需軍備的經濟能力。可是當時的自由主義政府認為即使完全接受我們的軍事經費，但到底無法建設支撐軍事經費的經濟能力，所以即使通過軍事預算也無法維持戰備。我再三思考的結果，我認為無論如何都要有一個擴充生產力的計畫來逼使政府答應，於是我得到板垣關東軍參謀長與松岡南滿鐵道總裁的同意後，便去請九一八事變之前曾經在南滿鐵道調查局服務而與關東軍有密切連繫，事變之後設立滿鐵經濟調查會的宮崎正義先生幫忙成立「日滿經濟財政研究會」，首先拜託他試著依據我的計畫案來規畫日本經濟建設方案。我這個是非常無理的要求，方案的基礎條件是相當地曖昧不明，但是宮崎先生卻靠著他多年來的經驗與過人的才智，終於在昭和十一年（一九三六年）夏天提出了日滿產業五年計畫的最初草案。這真的是宮崎先生他那超人般行動下的產物。當然這個方案只是宮崎先生的一個試驗案，而且我相信之後進行軍備擴充的結果，日本的生產擴充計畫也會自然地擴大，無論如何，宮崎先生的成果應該要名留青史的。宮崎先生之後被派駐在參謀本部，並且設計了不少有益的計畫案，我認為宮崎先生在國策方針的決定上樹立了一個非常偉大的功績。

在幾年之前自由主義、帝俄解體的時代裡，我曾經「如果非得動用百萬大軍的話，那麼日本除了破產之外……」這樣消極地分析日本的戰力，而聽了宮崎先生這個研究要領後，我也打從心底推翻了這樣的觀點。也就是我確定日本斷然地倚靠統制主義的建設，來培養東亞防衛上能夠對抗美蘇聯軍的實力是絕對條件，而且確信國家若真正自我覺醒的話，這個絕對條件肯定會實現。

我深切體會到經濟能力非常貧弱，現在重要產業幾乎要依靠英美的日本要盡速擺脫對英美的依賴，打造經濟自給自足的基礎正是我們的第一要務，所有的外交、內政都應該集中力量於實現這個目標，我堅信這才是國防的根本；可是滿洲國在昭和十二年起才剛踏出計劃經濟的第一步，最後日本卻在著手執行之前就爆發了中日戰爭。雖然國家相當有自信能夠戰爭與建設同時進行，可是以日本的能力要同時進行這個兩大事業，很遺憾地這是非常困難的，從戰爭的經驗就已經證明了一切。不過，我明確點出無論發生甚麼事情，只要無法獲得與美蘇兩國對抗實力的話，就沒有安定的國防這個觀點是在昭和十三年的修正版裡。

我軍人生活的結論

昭和十四年，在留守第十六師團長中岡中將的命令下，於是我嘗試在京都衛戍演講中加上了「戰爭史大觀」的內容，之後，在大家的期望之下，於是在昭和十五年一月印刷出版，剛好爆發第二次歐洲大戰的關係，我便做了若干的小修正，而這就是目前的版本。

從法國大革命（一七八九年）到第一次歐洲戰爭（一九一四年）的期間是決戰戰爭的時代，這期間有一百二十五年。而這之前的持久戰爭時代大約維持了三、四百年。當然這時代的區分或是年數是無法簡單地斷定的，但是我相信從趨勢上是可以推斷的。從第一次歐洲大戰到下次的大轉變，也就是到最終戰爭的持久戰爭期間，從這個趨勢來看的話，可以想像是非常短暫的。同時，從我的信仰上來看的話，必須在這個決勝戰中進行信仰的統合。僅僅在數十年的極短的歲月中，一天四海皆歸妙法到底能否實現？我很惶恐且實在沒有勇氣發表到最終戰爭爆發為止的預測年數，所以只能說非常令人意外地接近而已。

昭和十三年十二月，我轉任舞鶴要塞司令官。舞鶴的冬天每天不是下雪就是下雨，幾乎沒有放晴的時候。可是能夠在旅館清和樓過著已經很久沒享受過沒有訪客來訪，優閒地讀書或空想的生活，這真的是我近年來過的最幸福的日子了。

於是我正想利用這閑靜的時間來複習一下東洋史概略，正在閱讀中學教科書程度的書籍時突然受到一大打擊，我自大正八年以來就是日蓮聖人的信徒，這是日蓮聖人的國體觀填滿我內心空虛的結果。因此日蓮聖人必須成為統合人類思想信仰的靈格者，佛祖預言實現的奇妙與不可思議則是我日蓮聖人信仰的根基。艱深的佛法到底不是我能理解的，然而在閱讀東洋史時所得知的是，雖然日蓮聖人被認為是出生在末法最初的五百年中，可是今天歷史所說實際上日蓮聖人是出生在末法以前的像法時代似乎是正確的。當我知道這事實的時候，可是受到我出生以來從未經歷過的大衝擊。即使看了其他日蓮聖人信徒對於這個疑問的解釋還是難以信服，因此我開始感到即使把日蓮聖人當作一位人格者、先知來尊敬，也應該要斷然停止做為一位靈格者的信仰。

我在煩惱這個問題的那段期間，我得到了一個見解就是，本化上行（菩薩）兩次的轉世之中，以僧人身分出現的是教法上的問題，是觀念的問題，以賢王的身分出現則是現實的問題，而佛能以神通力把末法五百年分區別為兩種。日蓮佛學的前輩給我的意見中似乎不太同意我的說法，可是從我的直覺、我的信仰來看，我相信這是符合佛祖的尊意。同時我也達到了世界的統合會在佛滅後的兩千五百年內完成這樣的推論。如此就得到了與軍事上的判斷甚為相近的結論了。

昭和十四年三月十日，為了治療病痛而到東京的我在協和會東京事務所與一些人聚會並在那裡討論戰爭論，我在那講解了上述我對最終戰爭年代的見解。這場演講的要點被一些人拿去印刷，並且被某個人命名為「世界戰爭觀」。

立命館版的《世界最終戰論》就是出自昭和十五年五月二十九日在京都義方會的演講筆記（由於突然爆發第二次歐洲大戰，在同年八月送去印刷時稍為補足了這個部分）。總而言之，這本可說是我三十年來的軍旅生涯中所一直思考的問題的結論，空想的內容多了點，正如我前面所說的一樣，我真正做學術性的戰史研究只有腓特烈大帝與拿破崙而已，而且這也只從大正十五年的夏天到昭和三年二月為止，大約一年半的時間而已。而研究也只是把史料很迅速地整理好而已，並未到消化的階段，尤其是我最關心的拿破崙對英國戰爭中最重要問題點的研究仍然沒有結論。最終戰爭論中所論述的腓特烈大帝之前的問題只不過是常識性的內容罷了。

我平常總是在他人面前大放厥詞說「有關軍事學方面我是蠻有自信的」，像這樣吐露出真相實在讓我感到非常不好意思。日本國內的軍事研究比起德國或蘇聯都還要來的不興盛，這實在是非常令人感到遺憾的。我還有戰友諸君不用說，我也非常期盼其他關心政治，經濟的一般人士也能夠從事有關軍事學方面的研究。

福煦元帥的箴言

因為滿洲問題而到國際聯盟總會出差的時候，某天在日內瓦，伊藤述史公使問我：「在日本有日本獨特的軍事學嗎？」，我回答：「沒有，伊藤先生，很遺憾地明治以後就一直還沒有這種的東西」，我一回答伊藤先生臉色鐵青向我提案說「這樣不行，我們一回東京後一起成立軍事研究所吧」。我問伊藤先生為什麼會這麼說？伊藤先生說他在法國大使館擔任書記的時候，田中義一上將來到法國的時候曾破口大罵外交官非常無能，因此伊藤先生感到非常憤慨，認為軍人至少還懂些政治、經濟相關知識，可是外交官卻對軍事學毫無所悉，所以曾拜託法國友人幫忙找尋軍事學的教師。於是就找到了當時在陸軍大學擔任教官的福煦元帥（當時是少校），主要從他那學到了拿破崙戰爭的知識。第一次歐洲大戰後，福煦元帥說：「拯救法國的是法國獨特的軍事學，沒有獨特的軍事學國民就沒有永遠的生命」，這句話似乎在伊藤公使的腦海裡留下了深刻的印象。法國在第二次歐洲大戰中得到如此慘敗的今天，福煦元帥的這番話或許對於外行人來說已經不是那麼令人動聽了，可是這其中所包含的某種真理還是值得我們一再玩味的。原本伊藤先生想要把當時的課堂筆記送給我，於是在巴黎的住所再三翻找，可是最後還是沒有找到。雖然我抱著半放棄的心情，還是請他若是找到後再送給我，因為他離開法國後，我也沒收到他的任何通知，可能最後還是沒有找到吧。

社會上的人都說因為軍方都把軍事上的事情列為機密所以才無法做軍事研究，其實根本沒這回事。當然如前面所述的一樣，因為軍人之間對於軍事學的研究本來就不興盛，所以很遺憾地日文軍事學叢書比起西洋列強各國都還要來得稀少。可是公開刊行的戰史及其他出版物還是有相當的數量，所以想要研究的話還是可以做的。我多年來就一直倡導應該在政治、經濟大學裡開設軍事學的講座。這並不應該是派駐校園的教官所開的軍事學課程，還有大多數的人也沒有這樣的能力。比起西洋人，日本知識分子對於軍事學的常識都還要來得不充分。德國中產階級以上的家庭一般都有興登堡或是魯登道夫的回憶錄，很多人都看過這些書籍。這些都是很好的戰史書籍。實際上，我就碰過擁有相當軍事知識的家庭主婦。

第三篇　戰爭史大觀的說明

第一章　緒論

戰爭的滅絕

東西古今，所有聖賢的共同理想、全人類所憧憬的永久和平，在現實問題上，從過去以來就一直被認為是一種夢想。可是相信時機一到，全人類的希望肯定能夠達成。原本人類鬥爭的本能要完全消失是不可能的，因此這個希望只有在世界的統合下才能夠達成吧。最近文明的急速進步已到了使人相信能夠實現的地步了。

世界統合的條件大致上有以下三點。

1　思想信仰的統一。

2　能夠支配全世界的政治力。

3　滿足全人類生活的充足物資。

心與物在「人」之中渾然一體。無視其適當的調和而偏重一方，所謂唯心或唯物這種連對不懂深奧道理的我們來說都知道這是偏頗的道理。可是心與物並非是平等的結合，到處都是心為主物為從。雖然數千年的歷史已經證明，要靠思想或信仰等觀念性的力量來消滅人類的戰爭是不可能的事，可是要滅絕戰爭；統一的思想信仰是有其絕對的必要，而且不容懷疑的，這是最根本的問題。

但是這個統一要用觀念的議論來說，恐怕也是相當困難的，相信現實上各種問題的進展與理論的進步之間應會保持一個微妙的關係。也就是思想的統一要求自然、人格的中心。就算在蘇聯，不僅馬克思，連列寧、史達林等也不都已經神格化了嗎？

依據我們的信仰，人類思想信仰的統一最後會在人類覺醒於日本國體靈力時而達成。更極端地說，現人神天皇的存在是世界統合的靈力。而且為了使世界人類到達這個信仰，若沒有日本民族、日本國家正確行動的話，這也只會僅只於空想而已。

而且人類為了要到達這個正確信仰，光只有日本國家等的正確思想、正確行為也不可能會實現，這必須伴隨著守護正義的實力才行。最後在文明的進步下、力量的發展下，逐次擴大政治性的統合範圍，今日正處於朝凝結成四個集團方向的人類最後會成為二個，也就是分成信奉天皇與非信奉天皇的二個集團，在毫不留情的戰鬥下決定統合的中心點，走進永久和平的第一步，最後便可見到戰爭的滅絕。

人類歷史雖然從過去以來就是逐漸地擴大政治的統合範圍，可是那是在文明的進步下，以主權所擁有的武力所能夠完全發揮其偉大力量的範圍來做為政治統合的限度。也就是說到了將來主權者所擁有的武力在必要時能夠迅速擊潰全世界任何一地的反抗勢力時，相信到時候，世界將會是史上第一個政治性的統合世界。

而內亂戰爭在世界統合之後恐怕也不會滅絕，而且雖然之前說到信仰的統一必須是堅強的力量，同時武力是原始的，任何人都可以輕易地擁有時，內亂就會輕易地被引發，可是必須清楚認識到武器的高度發展也使得內亂發生變得困難。若刀或槍是主要武器的話，那麼即使在今日的信仰狀態下，連在被稱為世界文明國家之中發生內亂的可能性也相當地多，可是對於今日的武器，沒有軍隊參加的內亂已經是不可能會發生的。

可是，我認為信仰的統一與武力的發展之外，在一般文明的進步之下能夠保障全人類公平生活的物資必須大致上充足才行。即人類的精神生活提升而自然地抑制無益的浪費，且科學的進步有必要提高生活物質的生產效率，像是到現今為止為了物慾而鬥爭的狀態，相信一定會消失的。這會在信仰的統一、武力的進步之間自然地進行的。

戰爭史的方向

戰爭是人類文明的綜合運用。戰爭的進步與人類文明進步的步調一致是相當自然的。

過去以來武力的發展即戰爭技術的進步使得人類政治的統合逐漸擴大。世界完全的統合，也就是戰爭的滅絕一定會在戰爭技術發展到顛峰的時候實現。從這觀點上所探討的戰爭發展史以及對於未來的預測是本研究的焦點。

戰鬥是以軍事技術的進步為基礎所變化而來。還有隨著國軍逐漸增加，而其編制規模也隨著擴大了起來。這些事物過去以來就朝著一定的方向，不斷地進步。

然而，雖然不得不承認在戰場上所運用國軍的會戰（所謂會戰是指以國軍的主力所從事的戰鬥）會依據運用國軍的將領或民族性而有著相當的特性，可是依據軍隊發展的階段，戰鬥會產生大小不等的持久性，自然地，會戰指揮就在某二種的傾向之間交互作用起來。還有武力對於戰爭的作用能力也於歷史的進展過程中，在消極、積極之間交替，決戰戰爭、持久戰爭似乎有帶著時代性的傾向。

從以上的觀點，當戰鬥方法或軍隊編制發展到最後的階段，會戰指揮或戰爭指導徹底發揮符合戰爭原本目的的武力原本的價值時，就是人類鬥爭力發揮至極限的時候，相信在這個時候將成為世界統合的時期，是踏出永久和平第一步的時候。

依據西洋戰史的理由

就如同我先前所說的一樣，我的軍事學研究是相當的狹隘，只能說是對腓特烈大帝與拿破崙做一個概略的研究，而且也只是把史料做一個整理的程度而已。因為有關東洋戰史方面也只有一般日本人的常識程度，所以主要以西洋近代史為中心來進行這個研究。雖說不是一個很嚴謹的方法，可是怎麼看西洋都是戰爭的源流，所以我相信以那貧弱的西洋戰史為基礎所做的推論，也是有一些道理的。

今日文明的主導權是由西洋人所掌握著的，世界歷史被認為就是西洋史。可是這觀察總是太過於偏頗。西洋文明是以物質為中心的文明，最近這幾個世紀之間西洋文明風靡了全世界，這一點是不爭的事實，但我們要相信將來完成人類綜合性文明的中心不見得是西洋文明。

東洋文明尊重天意，以恭順於天意為根本。也就是以道做為文明的中心。當然西洋人也尊於道，道是全人類共通的理念，是通於古今而無謬，施於中外而不悖的大道理。可是西洋文明卻不知從何開始把對抗大自然，征服大自然做為重點，比起道還更注重力量的結果，對於今日科學文明的發展帶來了相當大的助益，正應該要獲得人類的感激才是。可是這個文明的發展方式卻自然地以力量為主、以道為從，於是道德就不再是遵循於天地之大道而開始被當作社會統制的手段直到現在。他們的社會道德中我們該向他們學習的部分非常多，可是學到的卻是功利的道德；這並不是真正能夠做為人類文明中心的道德。

過去以來，東洋就是以王道文明為理想，可是自然環境卻造就了西洋的霸道文明。雖然霸道文明也就是力量的文明是非常令人驚嘆的文明，但是下次人類文明集大成的時候肯定不會是以西洋文明為中心的。

有關於戰爭最重要的部分，也就是王道文明所表示有關在「戰鬥」人生中的地位，據我所知的範圍如下：

1 三種神器中的神劍。

擁護國體，扶翼皇運之力，日本之武。

2 「善男子護持正法者不受五戒，不修威儀，應持刀劍弓箭鉾塑」

「有受持五戒者不得名為大乘之人。不受五戒為護正法乃名大乘。護正法者應當執持刀劍器杖」（涅槃經）

3 「兵法劍形之大事亦出於此妙法」（日蓮聖人）

我不知道在西洋是否有如此觀念，就算有，對於今日他們的文明恐怕也是相當無力的吧。戰爭的本義無論哪裡都應該期待王道文明的指導。可是，進行戰爭主要是力量的問題，霸道文明發達的西洋會成為戰爭的源流也是理所當然的。

日本人對英國的執著

近來的日本人傾注全力學習攝取西洋文明，並且已表現出學習的成果了。可是，另一方面受到霸道文明的負面影響卻相當地大，今日的日本知識分子比起西洋更趨於功利主義，放棄日本固有的道德，而且連西洋的社會道德都沒有學到，完全是處於道德上最危險的狀態。

日本受到世界各國，特別是兄弟之邦的東亞各民族如蛇蠍般所厭惡，其理由不光只是他們本身的誤解而已，這是日本民族最需要做反省的問題，為了以東亞大同為目標的昭和維新，最重要的就是要好好地整治這混亂的局面確立新的道德才是。

可是，如此西洋化的日本人要改變心裡最深處的本性是不可能的事，從外交上來看是最明顯不過的了。很明顯地徹底是霸道文明的蘇聯外交明明是為精確的數學外交，可是某一部分的日本人為了日本能夠進出南洋而主張要與蘇聯握手言和，像今天一樣，在國防上不要對蘇聯設防。雖然這些人的行為很可笑，不過這也顯示出日本人的本質是善良的。

即使到了英日同盟廢除後的數年後，日本人批判英國忘了英日同盟時的情誼，到了最近，日本人想要讓英國人想起第一次歐洲大戰時日本對英國的協助，可是德國人卻是冷笑地說：「這好像是日本對於已離了婚的女人還有所留戀一樣。」這個例子也可以看出日本人在根本上，對於外交是應要遵守道義的觀念比起西洋人都還要來的強烈。

日本的戰爭主要為國內的戰爭，而且在民族性強烈的作用下，在戰場上互贈和歌，或者是如那須與一射扇子那樣，到底是戰爭還是體育競賽的區別是相當的模糊。

同樣在東亞大陸，民族意識到底不像西洋那樣如此強烈。當然漢民族也以身為中華而自豪，然而今日東亞大陸上，在歷史上到底是何種民族都不清楚的種族是相當的多，這顯示出民族之間的對立情感到底還是不如西洋來的激烈。如此，在東洋王道文化發展的環境比起西洋都還要來的優越。

再加上在東亞的強大民族並無長期性的對立，而且由於土地的廣闊緩和了戰爭的慘烈程度。而歐洲強大的民族則時常對立相互抗爭，加上地域沒有像東亞寬廣，所以才能自然而然地表現出戰爭技術發展與時代文明的關聯。

因為霸道文明而為戰爭的源流，加上優秀的選手時常相互對峙，而戰場也適當的關係下，所以在西洋，戰爭的進步有了系統性的規則。所以我認為，雖然我的研究偏重於西洋方面，可是只要關於「戰爭」問題絕對不會不恰當。

雖說我的戰爭史是取自西洋為正統，但並不是在說一般文明是以西洋為中心。

第二章　戰略指導的變化

外交是以武力為背景

在國家與國家對立的期間內，戰事不斷。

國與國之間在謀求互助的同時也不斷相互爭執。在爭執的時候盡國家所有的力量是理所當然的事情。即使在平時的抗爭上，武力也隱然是最有效的力量。所以外交是以武力為背景所進行的。

而國與國之間徹底的爭執就是戰爭。戰爭的特殊性就是直接使用武力。若要給戰爭下個定義的話，可說是「戰爭就是國家之間直接使用武力的鬥爭」。

很自然的，武力在戰爭中佔有重要地位，單以武力來決定勝負是戰爭的理想狀態。然而即使爆發了戰爭，在兩國的鬥爭中，武力以外的手段也會毫無顧慮地被使用。所以做為戰爭進行的手段，大概可區分為武力及武力以外的手段兩種。

依據做為戰爭手段的武力價值的高低，戰爭的性質有一分為二的傾向。

武力的價值高且絕對時，戰爭就較為活躍猛烈、是為男性的、陽性的，通常形成為短期戰爭。我把這命名為決戰戰爭。

武力的價值相對於其他手段，失去其絕對性的地位，隨著價值的逐漸低落而戰爭失去活力，是為女性的，陰性的，通常形成為長期戰爭。我把這命名為持久戰爭。

戰爭是為政治的延續

戰爭原本的面貌是以武力來徹底壓制敵人，屈服其對抗意志的決戰戰爭。進行決戰戰爭的時候雖然武力是為第一要義，而外交內政等僅擁有為第二要義的價值，可是在持久戰爭中隨著武力的絕對價值的低落，內政的價值也跟著提高。拿破崙曾經說過的「戰爭第一是錢，第二是錢，第三還是錢」這句話更賦予其更深層的意義。也就是說在決戰戰爭的時候，戰略通常超越政略，然而在持久戰爭的時候，政略的地位將逐漸提升，到最後政略也將領導戰爭為止。

戰爭的目的當然以國策來決定。在這含義上就是所謂克勞塞維茨的「戰爭就是做為延續政治的其他手段」，不過為了達成戰爭的目的，政治與統帥的關係完全是依據該戰爭的性質。

一般來說，政治與統帥之間的利害關係時常相反，這兩者之間的協調，也就是戰略指導是否適當，完全是會影響到戰爭的結果。國家的領導者是為將帥，政略、戰略的主導權完全集於一身則是最為理想的狀況。可是隨著軍事逐漸專業化的近代，維持如此狀況是越加困難，自腓特烈大帝、拿破崙時代以後就幾乎看不到了。最近的凱末爾、蔣介石、佛朗哥將軍等大概都屬於這個狀況，還有在第二次歐洲大戰中，德國宣傳希特勒是為軍政領導者，不過這需要將來在戰史研究上做充分的檢討。

當政略、戰略的主導權未集於一人身上的時候，就會引起統帥權的問題。

在民主主義國家裡，統帥通常是在政治的支配之下。這絕對不是最好的方式卻也無可奈何。在羅馬共和時代，當發生戰爭的時候會臨時任命獨裁者來彌補這方面的缺陷，這是非常值得令人玩味的例子。

而在德意志、俄羅斯等君主制國家，通常會在政府組織之外設立統帥府，也就是說大部分的時候都是處於統帥權獨立的狀態下。

雖然這兩種方式各有利弊，不過大致上在決戰戰爭的時候統帥權的獨立較為有利，而在持久戰爭的時候則常出現不利的狀況。這是由於統帥在戰爭手段中所佔有的地位關係衍生出來自然的結果。

從這地位關係來看第一次歐洲大戰，在戰爭初期決戰戰爭色彩濃厚的時期裡，統帥權獨立的德國在戰略指導上比起協約國都還要來得出色，如果戰爭照這樣進行且結束的話，或許統帥權的獨立會被認為是最好的方式，可是陷入持久戰爭後，統帥與政治的關係就一直處於非圓滿的狀態（德皇雖然支配了政治但卻無法掌控統帥權）。相反地，協約國在大戰末期政治在克里蒙梭、勞合・喬治的主導下，獲得兩人信任的福煦被任命為統帥，最後協約國的這個方式獲得了勝利，如此戰後德國軍事界中否定統帥權獨立的論者也逐漸占了絕對的優勢。

德國的統帥權獨立

腓特烈大帝以後，有關統帥事項當時是由參謀總長經侍從武官直接上奏的，可是為了去除軍務分歧的弊端才開始由陸軍大臣來統籌所有事務。老毛奇就任參謀總長的當時仍隸屬於陸軍大臣的管轄，勢力是非常的薄弱。雖然在一八五九年的事件中提升了信任度，但是在一八六四年普丹戰爭時他的意見仍未受到重視，對於軍隊的命令都是經由大臣發布，毛奇連幾天都未收到任何通報的情況亦所在多有，不過因為戰況吃緊，最後毛奇榮任前線部隊參謀長，將錯綜複雜的軍事、外交問題整頓一番，立了大功後終於提高了他的聲望，更增加了國王對他的信任度，一八六六年普奧戰爭爆發後的六月二日！國王發布一道命令「爾後參謀總長應直接向部隊司令官發布命令，向陸軍大臣僅須通報即可」，參謀總長的軍事命令自此脫離了陸軍大臣的束縛。而且陸軍大臣隆恩及首相俾斯麥都無權干涉，無論是普奧戰爭，還是一八七〇—七一年的普法戰爭中，俾斯麥與毛奇之間也引發了爭執，但在威廉一世權威之下也勉強地維持了協調的關係。

可是毛奇戰略的大成功與決戰戰爭所依據的武力絕對價值的提升，最終建立了獨立的統帥權。即使如此，統帥權獨立也在普法戰爭後十多年的一八八三年五月二十四日才成文化，這也顯示出統帥權獨立的問題並非是那麼容易可以解決的。

之後，毛奇元帥的聲望及德國參謀本部的能力受到國民絕對信任的結果，獨立的統帥權自此牢不可破。而且我們不可忘卻的是，統帥權獨立的根基是決戰戰爭，也就是在最短的期間內以武力決定戰爭的結果是當時的基本常識。像第一次歐洲大戰爆發當時，外交部從參謀本部那僅接收到侵犯比利時中立狀態的通報一樣，還有當時德皇無視於作戰計畫（至一九一三年為止德國的作戰計畫是東線與西線兩攻勢同時進行，不過該年之後卻轉為西線單一攻勢而已），雖然期望在東線展開攻勢但最後卻無法執行。

雖然說形成持久戰爭之後，我們必須承認統帥權的獨立對於德國的作戰仍然有利，但是最後還是打破政略戰略之間的協調而走向徹底毀滅的道路。也就是政治家們希望是沒有割據、沒有賠償的和平，可是統帥部卻主張必須獲得領土方面的權益，兩者之間一直到最後都沒有達成共識。

最後仰賴聖斷

在我國，「統帥權的獨立」這幾個文字是有欠穩當的。因為軍人敕諭寫道「天子掌握文武大權」。本來依據憲法，國家給予了臣民參與政事協助天皇執政的權利，不過統帥、政治權還是完全由天皇所掌握。這就是國體的本義。

政府以及統帥府在政戰兩略上應該加強協調，兩者要深刻理解戰爭的本質，於決戰戰爭中，就特別要使統帥做最大的發揮，於持久戰爭中，就要隨武力價值下降的狀況，對於政治活動要給予更多的期待，因應戰爭的性質來致力於調和政戰兩略是理所當然的。可是無論臣民如何努力做協調，一定會碰到無法妥協的困難場面。無論如何一切都要在臣民之間來解決問題的話，這就是在妨礙天皇的天職。當政府、統帥的意見難以一致的時候，必須刻不容緩地仰賴聖斷才是。聖斷一下，肯定超越過去的經驗或是凡俗的判斷，從心底把聖斷與過去的經驗與凡俗的判斷合而為一的是我國體，靈妙的力量。

在他國若沒有腓特烈大帝、拿破崙乃至希特勒等人的話，肯定會引起政戰略統一的困難，但是在我大日本，在國體的靈力下，任何看到政戰略完全統一時候是最能夠得知我國體的力量。在戰略指導的目的上，我國體也是扮演著萬邦無比的重要角色。

為何形成持久戰爭

持久戰爭是形成於兩交戰國的戰力幾乎相等的時候，當然在兩國戰力相當懸殊的時候容易形成決戰戰爭。當設想兩個實力相當的國家之間進行持久戰爭時，情況會是如下。

1、軍隊的價值下降

這之後會再詳述，因為文藝復興而出現的傭兵部隊全是由職業軍人組成。因為這種賣命的職業多少總是有些顧慮，所以即使再精實的軍隊，也是無法完全發揮其戰力，這是到法國大革命為止形成持久戰爭的根本原因。從職業軍人（傭兵）回歸到國民軍隊的演變是法國大革命在軍事上的意義。只有真誠的愛國心才會讓近代的人奉獻出他們的生命。

「到十八世紀為止的戰爭是國王的戰爭而並非國民的戰爭，因此戰爭並不慘烈，可是法國大革命後就演變為國民戰爭了。在國民戰爭中，是不可能發生決勝負不夠徹底的狀況。」在這信念之下，魯登道夫在回憶錄或在《戰略指導與政治》一書中強調，「因為敵國的目的在於殲滅德國，因此德國必須徹底作戰」這個涵意。也就是說德國的參謀本部雖然把戰爭區分為十八世紀前與十八世紀之後，可是卻對於戰爭的性質欠缺完整的見解。德國並未認識到歐洲大戰的性質已與拿破崙、毛奇時代有所不同，這可說是德國在第一次歐洲大戰中失敗的一個要因。

中國在唐朝全盛時期全民皆兵的制度被打破，這變成長久以來重文輕武漢民族國家衰微的原因。民國革命之後也無法像日本的明治維新一樣恢復全民皆兵的制度，依然是在「好漢不當兵」的思想下採傭兵制，並且比起十八世紀歐洲的傭兵，水準更為低落，在他們的戰爭中，比起武力，金錢的力量更為有用。比起因戰而屈服，因金錢力量而屈服的戰爭是不可能形成真正的決戰戰爭的。因此很自然地無法預見革命後的統一戰爭何時才會結束。我們原本期待中國會因民國的革命而再次興盛起來，許多日本的有志之士帶著與中國志士同樣的熱誠投入了民國革命的行列。然而中國在革命成功之後卻不行改革，看到軍閥鬥爭不斷於是得到了一個結論就是「自己無法組織正規軍隊的國家，是無法確立主權的，中國已到了無可救藥的地步了。」當然，在那地大物博且歷史悠久的中國，已病入膏肓的漢民族，其革命要短期間內完成是不可能的。或許我們的判斷有些過早，不過一部分的真理也證明了一切。極腐敗的軍隊所帶來的結果就是，雖然用金錢交易的方式也曾在比起決戰戰爭更極短的期間內解決一場又一場的戰爭，可是卻欠缺戰爭的絕對性，其效力極為薄弱，而且在解決之後不久又會開始爆發戰爭，變成一種長期化的內亂。

孫文、蔣介石所建立的革命軍中，可看到在軍隊的精神上有著飛躍性的提升，國內統一戰爭的積極進行，這的確讓我們看到可觀的成果，使我們逐漸修正我們的見解。而且中國的統一可說是在日本的壓迫下所被喚起的國民精神。他們雖然在中日戰爭中奮勇作戰，但即使是在這場大戰中仍然難以達到真正全民皆兵的境界。數百年來重文輕武的民族性是相當根深柢固，為了東亞的局勢，我們深切期盼中國在這個時候能夠回復到像古代唐朝一樣，建立一支真正的國民軍隊。

在日本戰國時代的武士憑著基於日本民族性的武士道精神發揮了堅強的戰鬥力，即使如此仍然有進行收買的行為，當時的戰爭是所謂以謀略為中心的，必要時連父母兄弟妻子都可能成為利益的犧牲品。戰國時代日本武將的謀略連中國人和西洋人都要退避三舍的。日本民族在任何領域上都是非常優秀的。今日即使運用謀略卻無法成功，這種愚直的厭覺可說是德川三百年太平盛事的結果使然。

2、攻擊威力難以突破防禦線

無論多麼精銳的軍隊，若無法突破裝備或是其他要素上防禦能力強大的敵人防線的話，結論上是不可能形成決戰戰爭的。

第一次歐洲大戰當時要正面突破陣地幾乎是不可能的事，而且兵力的增加導致無法進行迂迴作戰的結果就是陷入了持久戰爭的泥淖中。在（日本）戰國時代，要攻下當時所修建的一座城堡是非常困難的，這就是形成持久戰爭最主要的原因。如此，前面所敘述的謀略就成了戰爭極為有力的手段了。

3、戰場比起軍隊的移動範圍還要來的廣闊

連決戰戰爭的專家拿破崙對於俄羅斯終究無法強行發動決戰戰爭。這並不是俄羅斯有多高明，而是因為國土太過於廣闊。拿破崙雖然以一位決戰戰爭專家在數次的戰爭中成就了顯赫的戰果而在歐洲所向披靡，但只因為一海相隔且最狹窄的多佛海峽也僅三十里，就這樣與英國的戰爭就變成了持續十餘年之久的持久戰爭。但是這例子應該歸類於第二項原因的理由很多，不過，無論如何日本與蘇聯之間進行決戰戰爭的可能性是非常低的。

在土地寬廣的亞洲大陸上，各國之間要像歐洲一樣進行決戰戰爭的可能性是非常低，我相信這個低可能性也在亞洲民族性的形成上給予了相當大的影響。

以上三項原因中的第三項不應該視為時代性因素，但是隨著時代的發展，發生決戰戰爭的可能範圍會逐漸擴大也是當然的事，正如前述一樣，當文明的發展到一個根據地的武力可以壓制全世界時，也就是可能發生世界統合的時候。

第一項與一般文化有著密切的關係，而第二項主要是受到武器、築城所制約的問題，與歷史的時代性還是有著密切的關係。綜合以上三項來看的話，決戰戰爭、持久戰爭並不見得有時代性的規則存在，即使在一時代裡，也有可能在某個地方發生決戰戰爭，而某個地方則是進行持久戰爭，不過概觀而言，這兩種類型的戰爭的確從時代上來看是交錯出現的。特別是在強國比鄰而居、國土範圍適當，而且因為霸道文明而為戰爭源流的歐洲更能看出如此關係。決戰戰爭中，在達成戰爭目的為止是徹底執行殲滅戰略，不過由於各種因素難以徹底執行殲滅戰略，在到達最終攻勢之前就會形成持久戰爭。即使在持久戰爭中也要在可能的範圍內以殲滅戰略給予敵人重大打擊來盡可能尋求戰爭的決勝點，可是往往事與願違，這時候除了依靠消耗戰略並以會戰來打擊敵人之外，只能運用機動甚至發動小型戰爭來擾亂敵人後方，使敵人撤退並佔領土地的方式而已。雖然說這主要採取會戰還是機動戰這兩大戰略的問題，不過這兩戰略同樣受到持久戰爭中武力的價值所左右。也就是說，持久戰爭即使在戰略上也會像統帥、政治的協調之間有著微妙關係一樣，會特別著重於會戰，時而以機動戰為主，戰略是相當複雜多變的。

持久戰爭的專家腓特烈大帝

在文明先進，幾乎在同一文化支配下的歐洲近代，兩種戰爭型態的消長與時代的關係是相當清楚的。這裡我們不厭其煩地再以法國大革命與歐洲大戰為中心來觀察兩種戰爭型態與時代的關係。

在古代是全民皆兵、決戰戰爭的色彩濃厚，不過羅馬全盛時期以後就墮入了傭兵制度中，然後進入了中世紀的黑暗時代。那時代的戰爭是為騎士戰，這裡完全看不到希臘羅馬時代正規戰法的影子，是個靠一對一單打獨鬥的時代。隨著文藝復興時代的到來，火器的使用促使騎士階層走向沒落，並且開發了新的戰術。可是卻沒有回到古代全民皆兵的制度反而進入了傭兵制度的時代。戰爭的型態直到法國大革命為止大致上趨向於持久戰爭。這時代用兵術的發展到了腓特烈大帝時代達到了頂點，腓特烈大帝正是打持久戰爭的專家。在三十年戰爭（一六八一四八年）中可以看到很多進行大會戰的例子，可是在路易十四時代初期的法荷戰爭（一六七二—七八年）以及大同盟戰爭（一六八九—九七年）中大會戰的次數甚少。在西班牙王位繼承戰爭（一七〇一—一四年）中雖然有三次的大會戰，不過對於戰局的影響是相當輕微的。還有這時代中，喜好殲滅戰略的卡爾十二世〔大北方戰爭時期的瑞典國王〕雖然在作戰上立下了豐功偉業，不過最後還是敗在彼得大帝的消耗戰略之下。

就這樣，波蘭王位繼承戰爭（一七三三—三八年）中完全沒有進行大會戰，而且該戰爭的結果帶來了政治局勢上一個頗大的變化，那就是腓特烈大帝當時的用兵方法——在持久戰爭中的消耗戰略中，大幅度地傾向於機動主義。

當時在不得已的狀況下必須進行像那樣的持久戰爭，而且消耗戰略的機動主義，也就是戰爭最富有陰性傾向的原因在於從政治上的關係所衍生出不健全的軍事制度。現在我們就來稍微探討一下這個問題。

1、傭兵制度

十八世紀的戰爭結論上，是君主驅使屬於他的財產的傭兵部隊來替自己做領土上爭權奪利而進行的戰爭。然而軍隊的維持與建設需要龐大的經費，加上士兵是為了薪水才參軍的關係，所以逃兵的比例是相當地高，而且橫隊戰術在會戰中所受到的傷亡會非常慘重。從這些關係上，於是君主為了要愛惜這些昂貴的軍隊所以很自然地就會想要避開大會戰。

還有兵力規模過小的關係，做遠距離的侵略作戰是非常困難的。

2、橫隊戰術

雖然橫隊戰術是因為火器的使用而發展起來的，可是火器的使用上仍然受到相當大的限制，也非常欠缺移動性，然而因為專制統治上需要傭兵制度的關係，十八世紀最後還是無法跳脫出橫隊戰術的範圍之外。

指揮官會在戰役（所謂戰役是指在戰爭中的一個時期，通常為一年）開始前，或是特別情況發生的時候決定「會戰序列」。這個序列是律定行軍、陣營、會戰等行動的準則。在進行會戰時，會依據該序列，通常會將橫廣（腓特烈大帝時代通常為四列、在普魯士則為三列）列隊的步兵大隊分作兩戰列，在部隊兩側配置騎兵，再把當時有效攻擊能力尚低的砲兵配置到步兵隊並佈署在後方。

必須盲目服從紀律的傭兵是難以割捨橫隊戰術的，而且指揮系統的不完全使得必須要做如此形式上的決定，比起行軍，展開如此隊形做好進行會戰的準備是非常困難的技術，還有適合如此既長且寬的密集隊形來做移動的戰場並不多，而且展開隊形後要有條不紊地移動，這連在平常演習的時候都需要非常高的技巧，很明顯地，如此在敵人的砲火下是會立刻陷入混亂的，還有也會受到地形的影響。

尤其是要掌握前進與射擊的時機幾乎是不可能的一件事，也就是說最好一度停止部隊前進開始射擊，射擊後馬上整隊進發是最好的時機，可是執行起來卻相當困難。而且砲兵的火力也不值得仰賴。

以上各例是攻擊的威力大幅度縮減的原因。也就是說當一方的軍隊並無進行會戰的意圖而且利用地形佔領陣地時，是很難採取攻勢的。

另外，假使擊退敵人，然後輕率地去追擊敵人而造成隊形混亂的時候，受到敗方集結所有兵力反攻回來的風險太高，所以通常是不會進行追擊戰，也因此很難求得徹底的戰果。

3、倉庫補給

在三十年戰爭中的補給大多是用徵集的方式，但這樣卻使土地荒廢，導致人民逃亡或是抵抗，嚴重妨害到作戰的進行。自此之後便一反過去的做法，開始極端地保護居民，除了馬糧之外，大部分都是由倉庫來供給。

在防止傭兵脫逃上也必須做好補給的工作，加上徵集時分散兵力是相當危險的，尤其比起三十戰爭時兵力增加的關係，光靠貧困地方的物資是無法滿足部隊所需。

因此在執行作戰之前在適當的位置上設置倉庫，軍隊在到達距離該倉庫三、四日路程的地點時就必須再設置新的倉庫，並等待物資補給完成才行。這時對於敵人的奇襲，在倉庫的掩護上就成了難以解決的大問題。

4、道路以及要塞

歐洲在十八世紀後半期以後便開始急速地進行道路的改善，雖然拿破崙因此運用到了非常完善的道路，可是在腓特烈大帝當時，道路雖然寬廣（部隊得以廣正面的隊形前進），但是幾乎都是沒有修築過的道路，所以在物資的運送上碰到了相當大的困難。

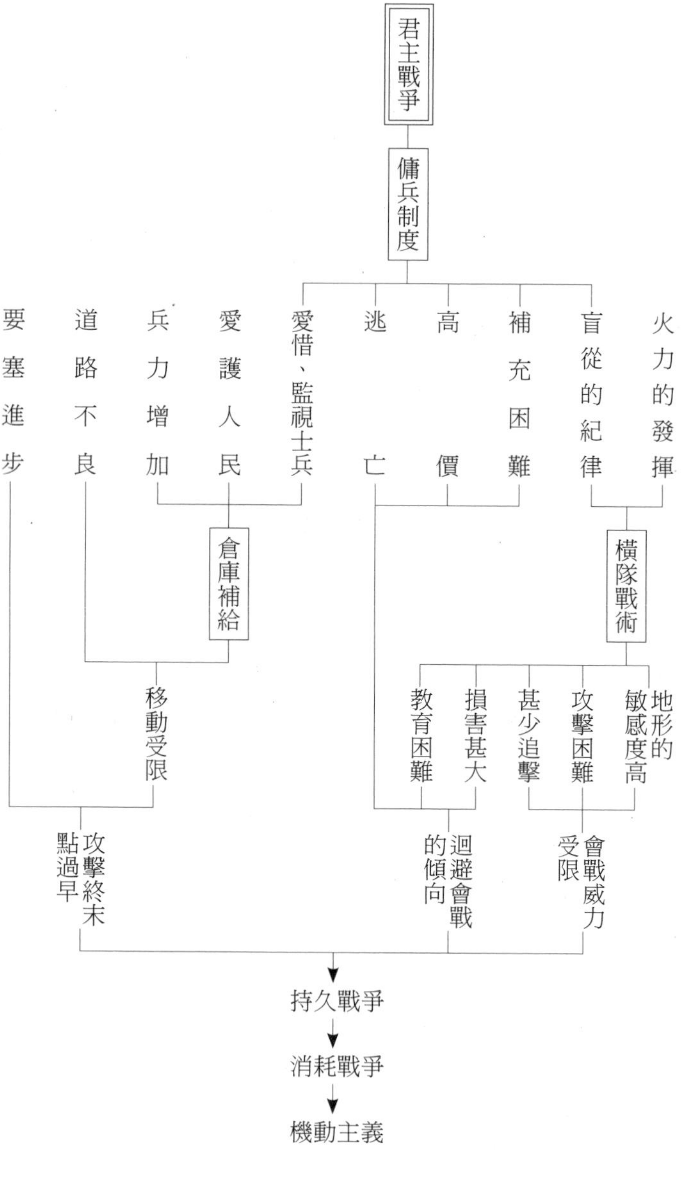
君主戰爭
傭兵制度
火力的發揮
盲從的紀律
補充困難
高價
逃亡
愛惜、監視士兵
愛護人民
兵力增加
道路不良
要塞進步
橫隊戰術
倉庫補給
地形的敏感度高
攻擊困難
甚少追擊
損害甚大
教育困難
移動受限
會戰威力受限
迴避會戰的傾向
攻擊終末點過早
持久戰爭
消耗戰爭
機動主義

所以水路在運送上有著非常重要的價值存在，在運送攻擊要塞的材料時若不靠著河川的話是幾近不可能的，易北河與奧得河兩河川在腓特烈大帝的作戰上可說佔有相當重要的地位。

十七世紀時沃邦等專家輩出，築城技術開始發展，各國在其國境上設置要塞，這些要塞在牽制機動性不高的軍隊的移動上提供了極大的貢獻。

由於以上各種原因，於是戰爭上的武力價值相對低落，因此在持久戰爭中也會傾向於消耗戰略的機動主義可說是相當自然的現象。

戰爭首重外交

這裡我來簡單說明一下當時戰爭的景況。

一國的戰爭計畫首先要著重外交，戰役計畫的立案也要重視政治上的顧慮以決定作戰目標及作戰路線，然後命令指揮官實施作戰。

要實施攻勢作戰時，首先要巧妙地設置倉庫。為了能夠迅速執行作戰，盡可能地將倉庫設置在接近敵陣的位置上是相當有利的，可是為了避免暴露己方企圖，因此必須適當地作後撤。

備戰完成後進入敵人領地的部隊如遭遇敵軍時，情況若非特別有利的話，不會與敵方進行決戰的，並盡可能地機動性來壓迫敵人。慣例上會戰會依照政府的指示執行。

當兩軍對峙時，雙方會分派小部隊並以小規模作戰的方式來切斷敵人背後的連絡線，或是搶奪倉庫來盡可能地達到不戰而退人之兵的效果。面對敵人要塞時，以一部分兵力來牽制要塞的守備部隊，若有必要時則從正面攻略之。置位於作戰路線上的要塞不管而進行遠方作戰被認為是幾近不可能的。

如此逐次擴大佔領地並逼近敵人核心，在這期間內則以外交等其他所有手段來屈服敵人，以盡可能地獲得有利的談和條件。

由於兩軍會分散兵力於要地上，所以集中兵力突破某一要地被認為是最好的方式，但是突破之後欠缺進擊能力，背後受到敵軍威脅而不得不撤退，這時只要稍微撤退就會陷入更大的危機。在一七四四年第二次西里西亞戰爭中向波西米亞突進的腓特烈大帝，由於敵人巧妙的機動戰略所以未能進行任何一次的大會戰，而在蒙受重大的損害後撤回本國，可說是最好的案例。

一八一二年拿破崙遠征俄羅斯的時候，在同樣的原理下遭受到失敗的命運，所以在這種戰爭下，游擊戰（也就是小規模作戰）是極為有價值的作戰方式。

作戰通常到了冬季就會停止。作戰停止時，部隊會在廣大的區域內紮營並設立哨兵線進行警戒，並且利用停止交戰的這段期間做補給、教育訓練來為下次的戰役做準備。雖然有時也會執行冬季作戰，不過這是在特殊情況下才會執行，且冬季作戰的損害通常非常重大的。所以一旦佔領敵人領地後，若該陣地缺乏要塞、河川、山地等掩護時，通常到了冬季就會從那領地撤退至安全的地帶中紮營過冬。

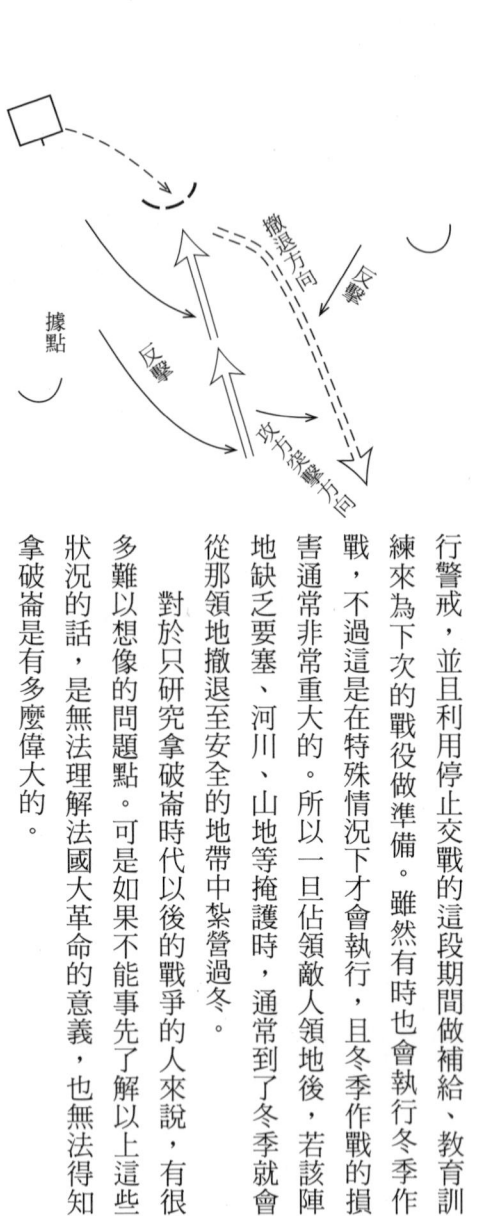

對於只研究拿破崙時代以後的戰爭的人來說，有很多難以想像的問題點。可是如果不能事先了解以上這些狀況的話，是無法理解法國大革命的意義，也無法得知拿破崙是有多麼偉大的。

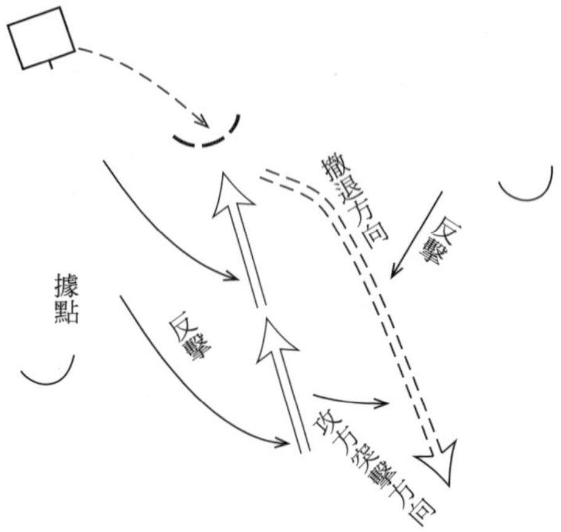

腓特烈大帝的戰爭

腓特烈大帝在二十九歲時因其父王的過世，於一七四〇年五月三十一日繼位，其領地散布在東普魯士與萊茵河之間，人口僅兩百五十萬人而已。當時奧國（奧地利）人口有一千三百萬，法國有二千萬，英國則有九百五十萬人口。

腓特烈大帝很強烈地期望其祖國能夠擠進歐洲列強的行列，於是企圖佔領在軍事上與政治上佔有重要位置的西里西亞（當時人口一百三十萬）。西里西亞恰如在九一八事變之前滿蒙對於日本的重要性一樣。正好在同一年十月二十日德意志（神聖羅馬）皇帝卡爾六世過世，於是腓特烈大帝便以無關緊要的藉口，趁著西里西亞防備薄弱時入侵了西里西亞。對於弱國普魯士，奧國女王瑪麗亞．特蕾西亞是相當堅持反對的，於是腓特烈大帝靠著前後三次的戰爭終於逐漸鞏固了領有權。腓特烈大帝始終貫徹他的政策方針，排除所有困難確保目標的不屈不撓精神，這給予今日德國興盛的貢獻是相當的偉大。長年以來幾乎面對全歐洲各個國家所進行的持久戰爭，這對於戰爭研究者來說可是最好的範本。雖然其政策的表面上看起來不起眼，可是腓特烈大帝正是持久戰爭的戰略指導上最有名的專家，七年戰爭的作戰可說是戰神般的神乎其技。

1、第一次西里西亞戰爭（一七四〇—四二年）

腓特烈大帝於十二月十六日跨越國境入侵西里西亞，除了二、三座要塞之外，很快地就佔領了全西里西亞地區，一月底在國境上部署監視部隊後便進入了冬營期。

當時巴伐利亞國王在法國的援助下爭奪德意志皇帝的皇位，正與奧國處與交戰狀態中的關係，腓特烈大帝認為此時奧國不可能以足夠的兵力對付自己，然而一七四一年四月初，奧國軍隊突如其來地越過國境攻擊而來，腓特烈大帝的軍隊在冬營期間遭遇到了奇襲。普（普

科爾貝格
N
波美拉尼亞
0
50
100km
曹恩道夫
柏林
易北河
波蘭
庫勒斯道夫
奧得河
盧薩蒂亞
托爾高
西里西亞
羅斯巴赫
薩克森
萊比錫
萊格尼察
布列斯勞
邁森
德雷斯頓
霍克齊
洛伊滕
凱薩斯多夫
霍亨弗里德堡
莫爾維茨
馬克森
蘭茨胡特
施維德尼茲
索爾
尼斯
克尼格雷茨
布拉格
科林
查圖西茨
波西米亞
奧洛穆茨
摩拉維亞

魯士）軍在倉促下集結了兵力，於是在四月十日時，兩軍在莫爾維茨附近展開會戰，最後普軍才勉強獲得勝利。而奧軍則撤退至尼斯要塞，之後兩軍就開始對峙了起來。

當時腓特烈大帝與奧軍之間進行了複雜奇特的外交策略，奧軍與腓特烈大帝談和後，十月時離開西里西亞朝向巴（巴伐利亞）、法軍的方向進發，但是腓特烈大帝發現奧軍並無誠意撤兵，於是率領了一部分的部隊侵入摩拉維亞，途徑波西米亞後與巴、法兩軍會合。然而奧軍卻反而沿著多瑙河攻入了巴伐利亞，因此聯合軍陷入了不利的形勢之中，奧軍的精銳部隊朝向了腓特烈大帝的軍隊而來。腓特烈大帝在一七四二年四月退回了波西米亞，再圖對策。雖然奧軍揮軍逼近波西米亞，使得腓特烈大帝處於非常危急形勢中，不過腓特烈大帝五月十七日在查圖西茨迎擊奧軍獲得了勝利。

雖然整體的形勢不利於聯合軍，但在英國的斡旋之下，腓特烈大帝六月十一日與奧國簽訂了布列斯勞和約獲得了西里西亞地區。

2、第二次西里西亞戰爭

腓特烈大帝在戰後國力逐漸復元的期間，英、奧兩國壓制了法、巴兩軍進入了萊茵河畔。腓特烈察覺一味地等待時機，一定會遭受到奧國的攻擊，於是再次與法、巴兩軍同盟，在一七四四年八月派遣一部分部隊從西里西亞，主力部隊則從薩克森進入波西米亞，九月十八日開始進攻布拉格。當時布拉格要塞尚未被構築。腓特烈當初若在同一地點等待敵人的進攻，這在當時是最為穩健的用兵策略（腓特烈大帝自身反省），然而在軍事上相當有自信的腓特烈卻更往南方前進，威脅奧軍的交通線，想要藉此屈服奧國軍隊。可是奧國將領卡爾（親王）趁著法軍的無能從萊茵方面轉進，並聯合薩克森軍隊逼近腓特烈而來。卡爾的軍師特勞恩，其用兵方式極為巧妙，他巧妙地牽制住了腓特烈的軍隊，並在這期間裡運用奇兵來威脅腓特烈的背後。若是腓特烈想要尋求進行會戰的機會時，奧軍便靠著佔領適當的陣地來迴避他。腓特烈在缺乏糧食、傷患不斷增加，加上天氣寒冷的情況之下，最後不得不冒著極大的風險退回了西里西亞地區。特勞恩靠著巧妙的機動能力，在一場會戰都未打的情況之下就給於了腓特烈極大的損傷，收復了所有被腓特烈佔領的地區。

在外交形勢上也對腓特烈大帝相當不利，於是腓特烈在沒其他辦法下於一七四四採取了戰略上的守勢地位，因此腓特烈在施維德尼茲南方地區集結兵力，決心等待敵軍進入山地。若敵軍的行動相當慎重的話，那麼腓特烈的計畫可能不容易成功的，但是腓特烈運用巧妙的反向策略得以誘敵深入，於是六月四日在霍亨弗里德堡進行了一場大會戰，腓特烈在會戰中獲得全面的勝利。這場會戰是第一次、第二次西里西亞戰爭中唯一一場由腓特烈大帝親自策畫指揮帶兵作戰的會戰（腓特烈在最艱困的時候尋求會戰），雖然這是證明腓特烈大帝為千古名將最重要的一場戰爭，但是卻未對整體戰局帶來決定性的影響，敵軍停留在克尼格雷茨附近，腓特烈緩慢地追擊並前進至敵軍面前，於是與敵軍對峙了數個月。然而腓特烈的軍隊分散並且缺乏糧草，最後只能往北方撤退。撤退時奧軍開始追擊腓特烈的部隊，九月三十日在索爾一帶，奧軍出現在腓特烈大帝退路的附近。腓特烈見到敵軍出現在眼前時，雖然果敢地迎擊並給予了敵軍一大打擊，但腓特烈也已無法在波西米亞長留，於是在十月中旬退回了西里西亞並開始冬營。

然而奧軍卻以一部分的兵力從萊比錫方面往柏林方向逼近，卡爾親王的主力則進入盧薩蒂亞地區準備進行夾攻。於是腓特烈命令西里西亞的部隊向卡爾親王的部隊進發，卡爾只能退回了波西米亞。原本腓特烈想以外交手段來逼迫薩克森屈服，但是目的難以達成，於是督促在薩克森方向作戰的安哈特公爵，結果於十二月十五日安哈特公爵對凱薩斯多夫的薩克森軍隊發動攻擊並且擊潰了薩克森軍。腓特烈在這一天停留在德雷斯頓西北方二十公里的邁森，而卡爾則停留在德雷斯頓，兩軍的主力均未參與這場會戰。

雖然卡爾有心再戰，但是薩克森軍卻士氣消沉，於是十二月二十五日在德雷斯頓兩軍進行了和談並簽訂了布列斯勞條約。

3、七年戰爭（一七五六—六二年）

第二次西里西亞戰爭後到七年戰爭爆發的十年之間，腓特烈大帝盡全力增強國力並且依據前兩次戰爭的經驗做軍隊的強化訓練，自身也起草了幾部戰術書籍。至此腓特烈相信他的軍隊已成為世界上最精銳的部隊。腓特烈在這十年之間的努力是戰爭研究者們最特別要注意的地方。

一七五六年

奧國在外交上逐漸顯露成效，瑞典、索（薩克森）、巴等諸國均與之結盟，而腓特烈則與英國接近。

另外，腓特烈得知奧國正逐步進行西里西亞的收復計畫，於是決定一七五六年開戰，在八月下旬進軍薩克森，十月中旬左右降服了薩克森的主力部隊，並確實地將該國土地納入領土中。

一七五七年。

敵國陣營的團結比腓特烈預想的還要來得穩固，在一七五七年，腓特烈面對敵方動用的四十萬大軍，僅以其半數的兵力來對應。腓特烈深思熟慮之後決定進兵波西米亞，並命令各部隊從冬營地朝向布拉格附近集中前進。這種前進方式在當時的用兵方法上來看是太過於冒險的行為因而遭受了種種的批評，可是腓特烈根據這十年之間的研究、訓練所獲得的自信，其結果是讓敵人遭受到出其不意的打擊。

五月六日腓特烈在布拉格東方地區大破奧軍，並逼迫奧軍進入布拉格城內。因為布拉格在當時已經完全要塞化，要攻陷布拉格並非易事，從五月二十九日開始的砲擊也因為彈藥不足無法達到砲擊目的。而奧軍將領道恩率軍逼近，巧妙地干擾了腓特烈的攻勢，於是腓特烈大帝不得不率領親兵向道恩的部隊方向前進，並於六月十八日開始攻擊位於科林附近的道恩陣地。然而腓特烈最後卻吃了敗仗，不得已只好放棄圍攻布拉格，於是命令一部分的部隊往西里西亞方向，主力則往薩克森方向退卻。

腓特烈在科林的失敗可說是致命性的傷害，然而這時法、巴兩軍卻從西方及西南方逼近而來，腓特烈的形勢可說是越加危急。幸運的是當時奧軍行動遲緩的關係，於是腓特烈想趁機給予從西方逼近而來的敵人一記重擊。然而敵人卻巧妙地避開了腓特烈的攻擊，並使其疲於奔命的同時，奧軍的主力也企圖佔領西里西亞的關係，於是在部隊極為疲勞的情況下，腓特烈在十月下旬決定轉進西里西亞。此時接到西方的敵軍再次逼近而來的時候，腓特烈立刻下令部隊朝敵人進發，在十一月五日以二萬二千名的兵力，於羅斯巴赫迎擊六萬名的敵軍並且造成了敵人極大的損傷。

這一戰使得幾乎已在絕望之深淵的普國再次燃起了一線希望，可是因為西里西亞方面的形勢開始緊急起來，於是腓特烈命令部隊轉進西里西亞，在途中得到布列斯勞陷落的消息後仍然向前挺進，接著在十二月五日爆發了著名的洛伊滕會戰。

在這場會戰中腓特烈以三萬五千名的部隊徹底地擊垮了六萬五千名的奧國軍隊，這是腓特烈參與的會戰之中其所獲得最輝煌的戰績，連批判所有腓特烈大帝會戰的拿破崙也極力讚賞這場戰爭是百年的典範。奧國僅存進入西里西亞九萬名部隊中的四分之一，而腓特烈則俘虜了約四萬名敵軍，收復了除施維德尼茲要塞以外所有西里西亞的領土，獲得了期望中的和平後就開始進入冬營期。

一七五八年

然而在瑪麗亞・特蕾西亞旺盛的戰意下，失去了和平的希望，雖然俄軍去年侵入東普魯士之後撤兵，卻在這一年一月二十二日佔領了克尼格雷茨，預計夏天就會進入奧得河畔。幸運的是因為羅斯巴赫和洛伊滕兩次會戰的戰果，使得英國的態度變得相當積極，因此（普魯士）大幅度地降低了對法國的顧慮。

可是腓特烈的戰力也損耗殆盡，已無法進行大規模的攻勢作戰了，而以其個性又不允許光站在防守的位置上，於是腓特烈便盡可能地在遠方抵擋奧軍，情況允許的話就給予痛擊，其目的是在製造俄軍逼近之際能有活動的空間，四月中旬攻下施維德尼茲後以主力部隊侵入摩拉維亞，並決定進攻奧洛穆茨要塞。這有如一九一六年法金漢所謂「以有限目的的攻勢」的凡爾登戰役一樣。

普軍從五月二十二日開始圍攻奧洛穆茨要塞，然而敵軍將領道恩其絕妙的消耗戰略卻使得腓特烈陷入苦戰之中，並在六月三十日擊潰了腓特烈由四千列所組成的大縱隊。之後腓特烈帝毫不猶豫地放棄攻城，並在八月初把主力部隊撤退至蘭茨胡特。

俄軍於八月中旬到達了奧得河畔，瑞典軍隊也剛好南下而來，腓特烈就以主力部隊面對奧軍，而自己率領一部分的兵力朝向俄軍進發，就在八月二十五日於曹恩道夫附近與俄軍展開變化多端且激烈的戰鬥，最後終於擊退了俄軍。雖然腓特烈的軍力受到不小的傷害，但是俄軍對於毫無作為的奧軍感到相當憤慨，於是俄軍遠遠地撤出戰場，因而減輕了腓特烈的負擔。

奧軍的主力從盧薩蒂亞往薩克森方向進攻，與從西南方而來的帝國軍（隸屬於神聖羅馬帝國南德各小國的軍隊）合作攻略薩克森，一部分部隊則乘虛搗亂西里西亞。腓特烈率領少數的部隊積極地抵抗，然而道恩的作戰頗為絕妙，虛實用兵，正是巧妙地發揮了機動作戰的特性。雖然腓特烈在十月十四日於霍克齊被敵軍所擊敗，但仍成功地壓制住敵軍，終究能夠完全地將敵軍驅逐於自己的佔領區之外，然後開始冬營。這場戰役，雖然兩位將領都發揮了極巧妙的作戰，但對於會戰抱持相當自信的腓特烈最後還是以少量的兵力控制了整個局勢。

一七五九年

好不容易控制住佔領地的腓特烈也不禁感嘆，去年底以來奧軍的防禦方法大有進步，除非形勢對己方有利，否則是難以進攻的。腓特烈的戰力更加低落，無法制敵先機採取攻勢作戰，不得已只好集結兵力於下西里西亞地區以等待敵人的到來。

六月底俄軍從奧得河畔進軍時，道恩也開始行動而進到了盧薩蒂亞，依照行動準則，道恩很巧妙地不讓腓特烈大帝有任何攻擊的機會。腓特烈不得已只好放棄攻擊奧軍並將矛頭指向俄軍，八月十二日開始攻擊堅固的庫勒斯道夫陣地，雖然佔據了陣地的一個角落，最後仍是吃了敗仗，連偉大的腓特烈在這天晚上也認認萬事休矣並決心自裁的時候，俄軍也受到相當的損害，並且與奧軍感情不睦的關係而欠缺適當的共同行動，也使得腓特烈大帝恢復了平時的傲氣。

九月四日攻陷了德雷斯頓。俄軍原本要在西里西亞紮營過冬，然而在腓特烈巧妙的作戰下，最後在十月下旬往東方遠遠地撤退了出去。這時候腓特烈患上了風濕病而臥病在布列斯勞的時候，他撰寫卡爾十二世傳，且以卡爾十二世輕舉莽進的作戰方式引以為戒，述說會戰的進行只限於可否乘敵之不意或是能否以決戰強迫敵人媾和的時候。

腓特烈病癒之後努力試著想要收復薩克森，然而其部將馮克在馬克森附近受到道恩的包圍而投降，奧軍固守德雷斯頓，於是兩軍在近距離的對峙之下進入了冬營狀態。

一七六〇年

形勢對於腓特烈大帝是越來越是不利，就如克勞塞維茨所說的除了發現敵人的失策，乘著敵人的失策之外以無任何對策的狀況下了。

道恩親自率兵牽制腓特烈大帝於薩克森，並命令猛將勞頓進攻西里西亞。腓特烈一而再再而三地企圖拯救西里西亞的危機，然而道恩總是巧妙地妨礙了腓特烈的行動，使他在薩克森動彈不得。不過，由於西里西亞的形勢越來越是惡化，於是腓特烈在八月初斷然向東轉進，八月十日時在萊格尼察西南方地區佈陣。而道恩隨著腓特烈轉進東方與勞頓會合後形成一支十萬大軍，並且決定進攻僅有三萬名士兵的腓特烈，更勸誘俄軍移動至奧得河左岸。腓特烈為了擺脫困境，處心積慮嘗試了各種機動作戰，卻在十四日天色拂曉時突然遭遇到勞頓的部隊而展開了激戰，結果在腓特烈適當且機敏的指揮下擊潰了勞頓軍。

在萊格尼察的意外激戰拯救了宛如風中殘燭的腓特烈。腓特烈以一部分的兵力監視著俄軍的行動，並企圖以主力部隊逼迫道恩退回波西米亞，可是由於俄軍與奧軍的一部分兵力在十月四日佔領了柏林，於是腓特烈只好緊急地回師救援。

俄軍在危機去除後企圖收復薩克森，於是揮軍南下，但是因為道恩在托爾高佈陣的關係，於是腓特烈決定全力進攻道恩軍。腓特烈的軍隊受了極大的損傷後終於擊退敵軍，卻在道恩依然固守德雷斯頓的情勢下進入了冬營期。

托爾高的會戰可與一九一八年德軍的攻勢相比擬，兩場戰役都是德軍在極度的困境下試圖改變命運所做的最後的努力。只是與一九一八年戰役不同的是，腓特烈大帝在會戰後仍然持續堅持著。

一七六一年

同盟軍命令道恩將腓特烈的軍隊牽制在薩克森，並企圖以勞頓及俄軍來入侵西里西亞及波美拉尼亞。

腓特烈為阻止勞頓軍與俄軍會合並趁機給予重擊，於是將一部分的軍隊留在薩克森，親率部隊前往西里西亞，但是在敵軍巧妙的行動下，最後在八月中旬以五萬五千名的士兵面對十五萬的敵軍，並佔據施維德尼茲附近的本齊維茨做為陣地，完全採取戰術性的防守態勢。

雖然俄軍在這之後撤退，但是勞頓卻乘虛奪取了施維德尼茲，於是奧軍第一次在西里西亞紮營過冬，北方的俄軍也攻陷了科爾貝格後就在波美拉尼亞紮營過冬。

一七六二年

拿破崙說「今日，腓特烈大帝的形勢極度不利」。

可是上天卻未放棄這位不世出英豪。一七六二年一月十九日也就是腓特烈陷入絕境的時候傳來了俄羅斯女王的死訊。因為繼位者彼得三世是腓特烈的崇拜者，於是在五月五日談和成立，並且約定增援二萬名的軍隊，接著與瑞典之間的談和也相繼成立。

腓特烈在這個有利形勢急轉直上後，開始深思熟慮，把作戰的目標限定在西里西亞與薩克森兩處，而且盡可能地避免會戰，在非必要時也盡量避免刺激瑪麗亞女王的敵愾之心來企圖屈服奧國。

俄國援軍到來後，七月時開始行動，並且逼近了施維德尼茲南方的奧軍陣地，腓特烈並未全力進攻這個陣地；而是以一部分的兵力攻擊敵人側背，使其退至山中，接著在十月九日攻陷施維德尼茲後朝向薩克森前進。雖然德雷斯頓仍然在敵軍手中，但收復了其他所有薩克森的土地，然後以一部分的兵力屈服了南德的各小城邦。

而英法兩國之間簽署了暫定和平條約，連精明的瑪麗亞・特蕾西亞最後也屈服了，於是在一七六三年二月十五日於胡貝爾圖斯堡簽定和約，腓特烈大帝終於名符其實地領有了西里西亞地區。

雖然克勞塞維茨將腓特烈大帝的戰爭稱為：

一七五七年為會戰戰役、
一七五八年為圍攻戰役、
一七五九－六〇年為行軍及機動戰役、
一七六一年為構築陣地戰役、
一七六二年為威嚇戰役。

但是腓特烈隨著軍隊的戰鬥力的低落，不得已只能轉變為逐次戰略，然後依照狀況應用，且在最壞的情況下毅然地發揮其天賦才能，在與全歐洲為敵的情形下，堅持了七年的持久戰爭來達成他戰爭的目的。雖然在戰爭中，腓特烈他那過人的軍事才能發揮了最大的作用，可是我們不能忘記能夠確保戰爭成果，無論在有利還是悲慘的情況之下都毫無動搖之心，才是腓特烈大帝成功的一大原因。在持久戰爭中必須要戒慎的是，不能受到眼前戰況的迷惑而像一個看日子做生意的商人那樣隨意改變戰爭目的，也就是改變談和條件。在第一次歐洲大戰中，德國沒有一個堅定的戰爭目的（因為從執行決戰戰爭開始參與戰爭的關係，也是無可奈何的），在戰後，對於其戰爭目的就出現了很多的說法。而且這是造成政略戰略時常不一致的一個根本的原因。

拿破崙的戰爭

1、從腓特烈大帝時代到拿破崙時代（從持久戰爭到決戰戰爭）

一七七一年出版的《用兵術原則與原理》中寫道：「為將者決不可被迫於會戰。當決心主動進行會戰時應切記盡可能不折損人命。」一七七六年希爾凱上尉在他的著書中說道「就如學問提升道德，同樣學問也可發展戰術，將軍增進其見識與信心而會戰的次數將會逐漸減少，結果戰爭將不再發生。」

法國有名的軍事著述家，曾受到腓特烈大帝的禮遇，受邀觀習一七七三年機動演習的基貝爾伯爵（Jacques-Autoine-Hippolyte de Guibert）在一七八九年的著述中記載：「往後應該不會再有大型戰爭，從此再也見不到大會戰了吧。」曾撰寫有關於七年戰爭的著名作品的英國人羅伊德在一七八〇說道「賢明的將領在嘗試沒有把握的會戰之前，會以有關地形、陣地、陣營及行軍的軍事學做為自己指揮作戰的基礎，會以精確的幾何學計畫軍事上的企圖，且能在沒有擊破敵人的迫切必要下實行作戰。」

地理學興盛的目的是為了發現機動主義的法則，鎖鑰、基線、作戰線等都是這時期衍生出來的名詞，結果軍事學的書籍就被歸類於叢書中的數學領域裡。

海因里希・馮・比洛斷言：「作戰的目的不在於敵軍而在於倉庫。因為倉庫就是心臟，如果能攻佔倉庫，那麼將會使以多數人為集合體的軍隊走向毀滅。」關於戰鬥他也認為步兵只要射擊，射擊決定一切，並稱精神要素在初期並非大問題，他說「現實上連小孩子都能射殺巨人」。

如此軍事界完全形式化，某位軍事學者把步兵的步伐應該一分鐘七十五步還是七十六步當作一個重要的研究課題，「高地可防禦大隊啊，高地可防禦大隊啊」，這問題在當時被當作重要的戰術問題而被議論著。

2、因法國大革命所產生軍事上的變化

「最黑暗的時刻也是最接近破曉的時分。」曾經如此發言的腓特烈大帝在一七八六年離開了人世，三年後的一七八九年爆發了法國大革命。

法國大革命首先改變了軍隊的性質，因軍隊性質的改變帶來了戰術的大變化，戰略上的革命終於產生，新戰爭的時代終於到來。

3、新軍的建設

大革命後不久就出現了徵兵的意見，但由於是專制性的制度因此被排除了。可是受到列強的攻擊，戰況陷入不利的法國在一七九三年採用了徵兵制度，而且受到全法國八十三州中六十餘州的反抗。

靠著徵兵制度的實施，法國不僅獲得了大部分的兵員，而且靠著抱持自由平等的理想與愛國的熱血青年，在軍隊的素質上也建立出一支舊體制國家無法想像的軍隊。

當然，法國的革命軍隊起初在行動時也是企圖沿用過去的隊形，可是橫隊的移動與同時射擊上的訓練不足，不得已只好轉變為縱隊隊形，而為了要提供射擊火力，於是就將一部分經過挑選的士兵以散兵的方式使其向前方或側方前進。也就是散兵與縱隊的並用。

散兵及縱隊決非新的戰鬥方式，奧國的輕步兵（忠誠度高的匈牙利兵等）就使腓特烈吃了不少苦頭，還有美國獨立戰爭時，在獨立自由的精神下奮起反抗的美國人也巧妙地運用了這個方式。

然而在軍事的世界，卻帶有很強烈的戰鬥上的精神逃避，因此單獨射擊的火力被認為比不上同時射擊的火力。

縱隊富於移動性且衝擊力量較大，於是就有了利用縱隊戰術的想法，實際上在七年戰爭時也曾經運用過．之後到了法國大革命為止，縱隊與橫隊的利弊被視為戰術上重要的課題而被廣泛地討論著，然而大致上還是以橫隊論佔為優勢。雖然一七九一年法國的教練守則（到一八三一年為止都未修正）橫隊戰術的精神依然存在，可是縱隊戰術的有用性也已被認可了。

總之，散兵戰術不僅適用於當時代表法國國民的革命軍，也富於移動性較不受地形限制，且方便集結兵力於要點的攻擊上而成為形成殲滅戰略上最重要的要素。可是世人往往誤解，在戰場上縱隊戰術不見得比橫隊戰術來的更有優勢（一八一五年拿破崙被威靈頓的橫隊戰術擊敗於滑鐵盧），並非是法國人因喜好而採用的戰術。這是趨勢的要求在不知不覺之中到達於此。戴布流克教授這麼說著「散兵只不過是個應急的對策罷了。因為隊形太過於散開加上衝鋒時指揮官底下會有兵力不足的危險，於是隨著秩序的恢復才逐漸試著限制散兵戰術的運用，變成散兵、橫隊、縱隊三者因應需求或是同時；或是交互運用。所以新舊戰術根本上的差異並沒有人們想像的那樣地明顯，當時的人們，尤其法國人幾乎沒意識到身旁的變化，而且旁徵各種例證可得知一個事實，就是他們不太在意新的形式是否能有系統性的完成。」

革命、革新的現實大多是如此吧。明明手上連具體的方案都沒有，都只是在觀念的議論上喊著「革新」、「革新」的日本革新論者應該要冷靜地思考一下吧。

4、補給方法的變化

國民軍隊可利用地方物資使得補給更加簡便，軍隊的行動可獲得充分的自由。尤其是軍官的平民化使得軍官行李的數量減少，考慮到士兵的負擔也廢止了攜帶帳篷行軍的規定，因此一八〇六年的戰爭中，法、普兩軍步兵行囊的比例為一對八到一對十左右。

5、戰略的大變化

因為法國大革命而衍生出來的國民軍隊、縱隊戰術、補給物資的徵集的三素材，為了要從這三素材中創造出新戰略，必須要有天才型的頭腦才行。而這個萬中選一的人就是拿破崙。

一七九四年建立國民軍隊後，消耗戰略的舊型態仍未改變。一七九四年法軍逼迫敵人於萊茵河，兩軍在萊茵河畔相互對峙，僅有二、三十萬軍隊的法軍分散在從亞爾薩斯到北海的區域並爭奪土地的領有權。

拿破崙靠著他那天才般的觀察力洞察事物了真相，綜合因革命而衍生出來的三要素，並活用這三要素於戰略上。靠著迅速地集結兵力於決勝點上並且強迫敵軍主力做決戰，之後再勇猛果敢地追求戰爭的勝利來達到立即屈服敵人的殲滅戰略，使得革新收到了大成效，震撼了全歐洲。從此展開了決戰戰爭的時代。

這個殲滅戰略對於現代人來說完全是理所當然且不足為奇的事，但是若從上述腓特烈大帝戰爭的觀點上來看，很明顯地這是相當令人驚嘆的一場革新啊。當時的人們往往無法看破拿破崙的手法，而把拿破崙視為戰神，只要他騎乘白馬出現在戰場時，敵我雙方都被他那不可思議的魅力所震撼。

第一個發現拿破崙秘密的是注重科學的普魯士。因一八〇六年的慘敗而從腓特烈大帝繼承者的美夢中驚醒的普國，靠著沙恩霍斯特（參謀總長）、格奈森瑙（參謀次長）的努力，派送新式軍隊，學得新式戰略，在拿破崙遠征俄羅斯失敗後成為能與之對抗的強敵，而最後就擊敗了拿破崙。

在腓特烈大帝時代接受軍事教育，並曾參與拿破崙戰爭的克勞塞維茨，他把拿破崙的用兵技術系統化後於一八三一年出版了著名的《戰爭論》。

6、一七九六年—九七年的義大利戰役

以一八〇五年做為近代用兵術起點的人不少。二十萬的大軍在廣闊的平面上延伸近千公里的距離迅速地前進，然後一舉追擊殲滅敵軍主力的烏爾姆戰役，其壯觀的場面與十八世紀的用兵技術對比，是最能顯現出發揮殲滅戰略特徵的一場戰役。可是這只是外表上的問題，新的用兵技術在拿破崙戰爭的初期就早已顯現出來了。在這個意義上，一七九六年的義大利戰役，特別是戰役初期的作戰最為引人入勝。

就如克勞塞維茨所說的：「拿破崙對於亞平寧的地理就宛如自己的口袋一樣熟悉。」拿

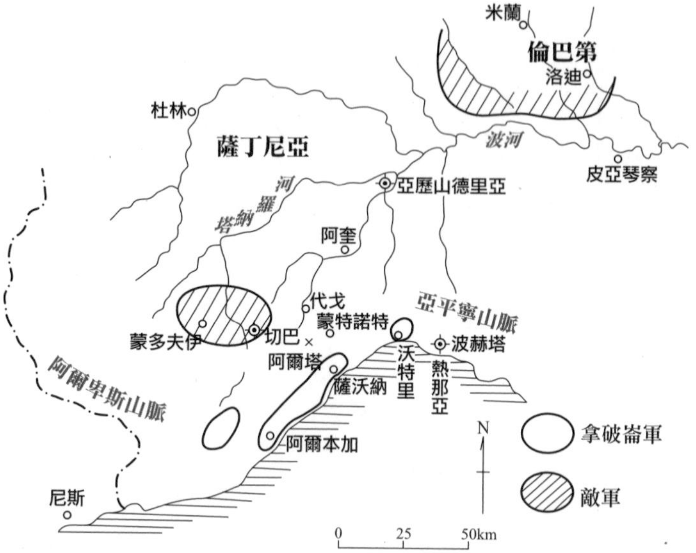

破崙也曾經隨著義大利集團軍參與作戰，在被任命為義大利集團軍司令官之前是服務於公安委員會作戰部，他曾在那裡擬定對義大利的作戰計畫。

拿破崙所擬定的計畫從當時執行的人來看，也就是使用舊式用兵技術的人們認為這是狂傲之人所擬定的計畫，在執行上是不可能的。拿破崙在一七九六年三月二日以二十六歲的年齡被任命為義大利集團軍的司令官，同月二十六日至尼斯赴任，拿破崙在這裡終於可以依照他思考多年的計畫來執行作戰了。

義大利集團軍能使用的野戰兵力為四個步兵師團、兩個騎兵師團約四萬人，主力在薩沃納與阿爾本加附近之間，主力的一師團位於西方山地內，佈署縱深約八十公里。

集團軍的前面是薩丁尼亞王國的科利，他率領一萬名部隊佈陣在切巴要塞到蒙多夫伊之間，奧軍主力則仍在波河左岸冬營中。

拿破崙依照既定的計畫，趁著兩軍未會合的時候迅速地以主力從薩沃納往切巴的方向前進，攻擊薩丁尼亞軍的左側，並決定突破這防線。當時海岸線馬車無法通行，有些地方騎兵也要下馬行走才行。若要從海岸進入薩丁尼亞的話，走越過薩沃納西北方的阿爾塔的道路（山岳標高約五百公尺）是最好的選擇，道路稍微整修一下馬車就可以通行了。可是拿破崙到任當時的義大利集團軍的軍紀非常糟糕，就算拿破崙發揮他那天生的長才表現一番，整頓部隊也非易事。

先掌握部屬們的心

拿破崙到任當時，馬賽納為了給在熱那亞的外交做後盾（熱那亞共和國在當時是中立國，因為海岸道路不良的關係，這裡在法軍的補給上佔有重要的位置），於是派遣一部分部隊前進至沃特里。而拿破崙為了避免刺激奧軍的關係，於是命令該地的部隊撤退，但是自認為前任司令官理所當然的後繼者的馬賽納並不認同這位年輕後輩，加上又無擔任師團長經驗的拿破崙的到任，於是不聽從拿破崙的命令撤兵，反而增加沃特里的兵力，在表面上提出狀況良好的報告。可是到了四月，聽到奧軍拔營前進情報的拿破崙終於改變了他的決心，四月二日從尼斯出發到達阿爾本加，在給馬賽納的命令中，並沒有命令馬賽納盡快撤出沃特里，反而要他佯裝增加兵力。畢竟拿破崙知道奧軍正在前進，因此想要盡可能地將奧軍牽制在東

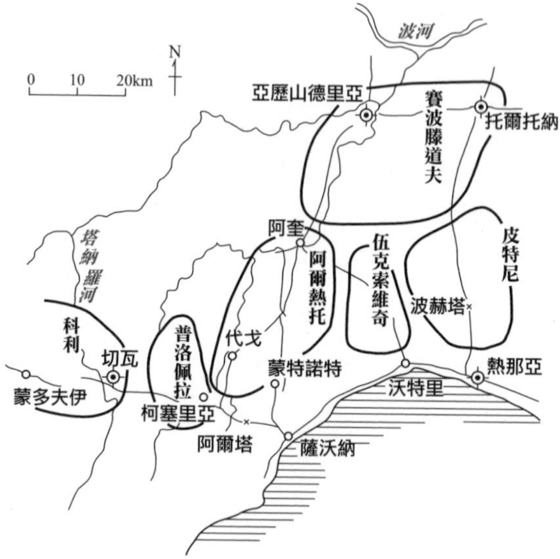

方，然後突破奧軍與薩丁尼亞軍的正中央，再來個各個擊破。馬賽納對於敵軍增加的跡象感到相當不安，在同一天很狼狽地向拿破崙報告說這樣下去的話將會非常危險。

主力部隊在波河左岸過冬的奧軍，其新司令官老將博略得知熱那亞方面的法軍開始蠢蠢欲動後拔營南進，於是決心防止法軍的突進，就在三月三十日佔領了熱那亞北方的要地波赫塔高地，但是這之後法軍行動並未積極，於是趁著這個機會，在四月八日佔領沃特里來切斷敵人與熱那亞之間的聯繫，並且決定奪取在沃特里的製粉場。同時使右翼的部隊佔領薩沃納北方蒙特諾特一帶以確保

與薩丁尼亞軍之間的聯繫及要線的佔領。

在行動開始前的四月九日，位於波河以南的部隊，也就是約三萬名的部隊在攻擊前進之前，部隊分散縱深六十公里，正面約八十公里，加上東西交通極為不便的關係，若要從沃特里向右翼方向轉用兵力，必須從阿奎做迂迴轉進。

博略親率皮特尼與伍克索維奇兩部隊中的九個大隊攻擊沃特里，並命令阿爾熱托部隊攻擊蒙特諾特。阿爾熱托把主力部隊放在後方，攻擊時所使用的兵力只有五點五個大隊而已，這就是當時的用兵方法。

拿破崙於十日到達薩沃納，這一天沃特里受到奧軍的攻擊，該地的守軍在夜晚撤退到了薩沃納。拿破崙在十一日更往東方前進並觀察了情況，發現佔領沃特里的敵人兵力雖多但毫無追擊的跡象。然而這一天蒙特諾特也受到了敵軍的攻擊而被佔領，不過也得知拉哈普上校固守蒙特諾特南方的高地並且成功地抵擋了敵軍的攻擊。

拿破崙在如此戰況下決定先擊潰蒙特諾特方面的敵人，僅以少數的部隊留在薩沃納，其他則轉向對付沃特里的敵人，並佈署主力部隊使其能在夜間立刻行動逼迫敵軍後側。這個迅速毫不遲疑而且適切敏捷的果斷佈署，使得原先忌妒乃至於輕視的各將領都由衷地心悅誠服。某個人說：「拿破崙的這個命令不但對於奧軍，對於部下各將領也贏得了勝利」。

如此，拿破崙在戰場上集結了約一萬人的部隊並急襲了三、四千人的敵軍部隊，徹底地給予了敵人重大的打擊。拿破崙對於這場戰鬥的成果過於自信，考慮突破奧軍的主力部隊，於是按照既定計畫決定以主力部隊朝向薩丁尼亞軍前進，並開始了軍隊的佈署。先鋒部隊於十三日攻擊了防守在柯塞里亞古城的奧軍，雖然在十四日好不容易地攻陷該地，但拿破崙得知在這期間內，敵人部隊位在北方代戈附近，於是便命令軍隊往該地前進，於十四日進攻並且擊敗敵軍，之後再前往西方佈陣。

然而在代戈之戰後欣喜若狂的法軍，因為在這數日之間沒有獲得充分的補給，於是就開始掠奪物資，正當完全忘了做警戒的時候，十五日受到由沃特里方面轉進而來的奧軍攻擊而陷入了危機之中，不過拿破崙迅速地將兵力調往該地區，最後終於擊敗來襲的奧軍。而後法軍又開始掠奪起來，連代戈的修道院都碰到了這場無妄之災。

博略即使接到十二日戰敗的消息，卻認為這只是戰場中的一個小波瀾，之後一再接到戰敗的報告也覺得只是失去一個據點，並且處之泰然地運用當時的戰術，從側方往敵人後方進軍來逼迫敵軍撤退、可是到了十六日終於發現事態嚴重，而開始心慌了起來，原本決定在亞歷山德里亞方面集中兵力，但是因為各部隊相當地慌亂無章，精神上的打擊相當地大，完全失去積極行動的士氣。

拿破崙十七日以主力部隊開始向西前進，可是科利卻撤退並且佔領了塔納羅河左岸的陣地。而法軍僅僅監視著切巴要塞且持續前進，雖然在十九日對敵陣展開進攻，但因塔納羅河水位增高的關係所以並未成功，而在二十一日強行進攻時，薩丁尼亞軍已經撤退，接著法軍開始追擊薩丁尼亞軍，最後在蒙多夫伊附近展開戰鬥並且擊敗了科利軍。

薩丁尼亞王國感到相當地震撼於是只好屈服，並在二十八日凌晨二點締結了休戰條約。

未研究拿破崙而失敗的德軍

在這兩星期內拿破崙一舉擊潰奧軍，使得薩丁尼亞王國完全屈服的作戰，在現代軍人的眼裡可說是理所當然的事，或許是苦於難以發現拿破崙的偉大之處，若與過去腓特烈大帝的戰爭來做比較的話就可發現這個大變化。當能使這個拿破崙的殲滅戰略朝向戰爭目的的達成方向持續前進時，也就是在進行所謂的決戰戰爭。屈服薩丁尼亞的拿破崙繼續朝向奧國邁進，面對向波河左岸退卻的敵軍，法軍沿著波河南岸向東前進，五月八日在皮亞琴察附近渡過波河，奧軍受到激烈的攻擊而不得不放棄倫巴第，（拿破崙）追擊敵人，十日進行有名的洛迪敵前強行渡河，十五日進入了米蘭。

五月底從米蘭出發進入了加爾達湖，並擊退博略的軍隊至遠處的提洛山區中。

當時的法奧戰爭是為持久戰爭而義大利的作戰只不過是其中的一場戰役罷了。雖然拿破崙運用了嶄新的殲滅戰略來壓倒敵人，可是這裡卻也到達了攻勢的終點站。尤其曼圖亞要塞頗為堅固，拿破崙圍攻此要塞的同時，也四次粉碎了敵人的企圖解圍，直到一七九七年二月二日才降伏了曼圖亞要塞。

一九一六年法金漢以所謂有限制的攻擊而採用了凡爾登攻擊計畫案，在上奏皇帝時，他說：「若法軍想要極力死守這裡的話，恐怕不得已得要戰到最後一兵一卒吧。若是這樣的話就能達成我軍的目的了。」一九一六年德國的凡爾登攻擊卻難以達成，德軍也受到了與聯軍同樣的大損傷，反而給了往後的戰局抹上了一層陰影，不過拿破崙的曼圖亞圍攻卻達成了法金漢所企圖的目的。

奧軍因為四次的解圍戰與曼圖亞的陷落至少造成了十萬兵力的損傷（法軍則損失了二萬五千）。因為在展開曼圖亞圍攻戰之前，奧軍的損失已經達到二萬名的關係，所以不到一年的時間，奧軍就因拿破崙而失去了十二萬名的士兵。當時這對於奧國來說是個大問題，為此奧軍從主戰場調用兵力，最後連維也納的衛戍部隊也往義大利集結。

奧國的國力已耗損殆盡，拿破崙於一七九七年三月進軍，四月十八日締結了萊奧本條約。

席捲全歐洲

拿破崙天才般的頭腦發明了新戰略，這新的戰略使得拿破崙立刻成為戰神，震撼了全歐洲。而法國因拿破崙而獲得了拯救。

拿破崙做為對英戰爭的第一手段就是一七九八年的埃及遠征，不過卻在這段期間法國再次失去了義大利，而拿破崙趁著這次法國陷於苦境的危機回到法國就任第一執政，然後靠著著名的一八〇〇年的翻越阿爾卑斯山而再次提高了他的聲望。

拿破崙雖然一度與英國談和，卻在一八〇三年再次開戰，最後變成為期十年的持久戰爭。一八〇四年拿破崙即位為皇帝，而進攻英國的計畫也持續進行，這個總合大計畫果真是天下的奇觀。這計畫與現在的希特勒相比實在令人回味無窮。

因為法國海軍的無能，拿破崙的計畫在執行下一步受到了挫折，英國則拉攏奧、俄兩國使其在背後牽制拿破崙。而拿破崙終於在一八〇五年八月決定把進攻英國的兵力用來進攻奧地利。在多佛海峽集結接受日以繼夜訓練的約二十萬精銳（正是世界歷史上前所未見的精銳部隊）浩浩蕩蕩地開始向東前進並攻入南德，突破奧、俄兩軍之間，奧軍在九月十七日幾乎全軍被法軍包圍並投降於烏爾姆。拿破崙沿著多瑙河直搗維也納，雖然追擊逃散的敵軍並侵入了摩拉維亞，但其攻勢卻已達到尾端，而且普魯士的態度不明，是在形勢不是很樂觀的情況下，不過拿破崙巧妙地引誘奧、俄聯軍於十二月二日在奧斯特里茲進行會戰而達成了戰爭的目的。

一八〇六年與普魯士開戰後，拿破崙巧妙地集結位在南德的軍隊，十六萬大軍分成三個縱隊，通過圖林根後往北前進，然後在耶拿、奧爾斯塔特擊潰敵軍並追擊逃散的敵軍，進行了前所未有的大追擊，普魯士幾乎全軍覆沒。可是進入了波蘭後就開始進入了冬季，在物資缺少而陷入苦境的情況下，最後終於在一八〇七年六月二十五日與俄羅斯談和。

拿破崙的繼承者希特勒

為了實行對英戰爭的第三個方法——大陸封鎖政策，而於一八〇八年入侵西班牙時，因為無法掌控戰局而使拿破崙踏出走向失敗的第一步。在英國的煽動下，一八〇九年奧國再次與法國開戰，雖然拿破崙以巧妙的作戰方式擊敗了奧國的軍隊，但西班牙問題卻只能一直擱置下去，還有在阿斯佩恩的渡河攻擊中嚐到了敗績；這是名將拿破崙生平第一次的敗仗。

因為大陸封鎖政策的關係，在一八一二年終於與俄羅斯開戰，並在莫斯科以慘敗收場。

一八一三年徵集了新兵，在易北河的作戰是一場拿破崙發揮其長才的有趣戰役，但最後還是在萊比錫以大敗收場，一八一四年拿破崙以少量的部隊面對敵人大軍，在巴黎的東方地區進行內線作戰。這與一七九六年的作戰相比；是一個非常有趣的研究課題，這戰役可說是拿破崙身為一位將領發揮其統率能力的最高傑作。而且兵力懸殊，加上普軍了解拿破崙新式的用兵技術，所以拿破崙無法隨心所欲地作戰，最後只能向聯軍投降（這場戰役在伊奈中校的《名將拿破崙的戰略》中有詳細的描述）。

一八一五年的滑鐵盧之役大致上是拿破崙最後的掙扎。

各別對奧地利、對普魯士的戰爭都巧妙地進行了決戰戰爭，但對於西班牙的戰事卻因地形及其他因素而導致作戰無法隨心所欲，進攻俄羅斯的作戰也以大敗收場。而且整體上來看，拿破崙幾乎把國力都用到了對英國的持久戰爭上。最後拿破崙還是敗在海峽與英國堅韌的民族性之下。

而希特勒今日正以拿破崙的繼承者之姿而站在世界的舞台上。

從拿破崙到第一次歐洲大戰

持久戰爭中的作戰目標很自然地大多以土地為主（持久戰爭中企圖實行殲滅戰略時，當然其目標是為軍隊），而決戰戰爭的特徵則是徹底運用殲滅戰略，作戰目標是為敵人軍隊，敵軍的主力。

在決戰戰爭中做為一種主義，與戰略優先於政略相同，當戰略與戰術的利害關係不一致時，原則上以戰術為重心。在我少、中尉時代，這個觀念曾被廣為提倡。這是法國大革命前的用兵思想——克服戰，直到決戰戰爭末期還繼續存在的原因。真是令人感慨萬千。

決戰戰爭的發展當然是以徹底的殲滅戰略為基礎。也就是在殲滅敵軍主力部隊上做為最重要要素的會戰是為戰爭的主要課題，徹底擴大會戰的戰果是為作戰上最重要的目標。

為了要擴大會戰的成果，包圍敵人並殲滅的方法是最為理想，因此在毛奇時代開始曾特別提倡分進合擊的作戰方式。要在會戰戰場上集結兵力，也就是使軍隊分別前進，讓軍隊的行動更容易在會戰戰場上集結兵力，尤其能使其順便包圍敵人。

然而拿破崙通常在會戰之前就會盡可能地集結兵力。當然拿破崙原本並非是這樣做的，例如一八〇六年晚秋的戰役，一八〇七年朝向阿倫斯泰因的進軍，及弗羅伊施、埃勞附近的會戰，一八〇九年雷根斯堡附近運用馬賽納軍，一八一三年在呂岑會戰中運用內伊軍等都是企圖在會戰戰場中把一部分或精銳部隊與主力部隊會合。可是就算如此，卻在弗羅伊施、埃勞等地爆發戰鬥，形勢變得相當不利，還有在呂岑也無法發揮部隊會合的效果。這是因為拿破崙當時的軍隊在連絡上相當不便，必須靠傳令兵一個傳過一個才行，並且軍團的獨立性不夠充分的結果，很自然地就必須奉行會戰前兵力集結主義。

在毛奇的時代已經採用電信通訊，鐵路也成為作戰上最有力的工具，而且除了兵力增加、各軍團獨立作戰的能力大增外，普魯士的軍官教育上有著相當的成果，尤其是靠著一八一〇創立的陸軍大學的培育及毛奇參謀總長自身對高階將領、幕僚的教育，於是戰略戰術思想就自然地歸於統一，結果，分進合擊也就是會戰地點集結的作戰就成為受到讚賞與運用的作戰要領了。

德軍所追求的閃擊戰

可是毛奇並不見得會勇敢地執行分進合擊的作戰。

毛奇元帥在一八九〇年會議的演說中說道：「未來的戰爭並非不會出現七年戰爭或三十年戰爭。」可是因為工商業的急速發展，一般人相信長期戰爭到底還是不可能發生，還有軍事的進步也是相當快速，一八九一年到一九〇六年擔任參謀總長的施里芬就盡全力於徹底的殲滅戰略上。這裡我節錄了施里芬所著《坎尼之役》中的內容（坎尼是羅馬軍隊遭受到慘敗的會戰名稱）。

「進行了完全的殲滅戰爭。這場會戰違反了所有的理論，在劣勢之中獲取勝利是這場會戰值得驚嘆的地方。克勞塞維茨說道：『面對敵人，集中的效果是劣勢的一方難以達成的願望。』拿破崙則說：『兵力處於劣勢的一方不應該同時包抄敵軍兩側。』然而漢尼拔卻在劣勢之中發揮了集中的效果，而且不僅從敵人兩側，更從背後迂迴攻擊」。

「根據坎尼之役的基本模式，寬且廣的戰線因為正面狹窄的關係，通常朝做縱深列隊的敵軍方向前進。展開的兩翼向敵軍兩側做迴旋，先遣的騎兵則逼迫敵人背後。若因為發生狀況，而使兩翼從中央分離，即使如此在使兩翼往中央移動之後，同時間不為進行包抄攻擊而使其前進，而是必須使兩翼經過最短捷徑逼迫敵軍側背。」

總而言之，就是走向不滿足於平凡的勝利，不顧艱險包圍敵人兩側並以絕大的兵力逼迫敵人背後，完全地包抄殲滅敵軍的，徹底「殲滅戰」的世界裡。

施里芬為了要把他的思想徹底灌輸到所有德軍部隊中而盡了最大的熱誠。他的思想並不能說是定理。他所著作的戰史研究完全是主觀的，並不注重史實，全部的內容都是為了表達自己的理想而論述大多偏頗。雖然說這是伴隨著危險的戰略，但為了必須貫徹速戰速決戰略的德國，他可是勇敢地下了不能做卻得做的決心。他在臨終失去意識時說了：「強大我軍的右翼吧。」一連身為外國人的我看了都要流眼淚。在坦能堡會戰（第一次大戰中德軍擊潰俄軍的戰役）中，施里芬的得意門生魯登道夫（會戰時的參謀總長）完美地實行了他理想中的戰爭。

他擔任參謀總長的最後一個計畫案，也就是一九〇五年的對法作戰計畫，最能看出他的理想中的戰爭型式。凡爾登以東僅以少數兵力就可抵擋攻擊，且使主力部隊向瓦茲河以西前進，以十個軍團進攻拉法爾、巴黎之間，巴黎則六個補充軍團圍攻之，接著從巴黎西南方地區以七個軍團迂迴至敵人主力背後來包圍殲滅敵人。這可視為徹底的殲滅戰略。

第一次歐洲大戰的開端

殲滅戰在德國被廣偽提倡，當徹底的決戰戰爭到來時，日俄戰爭、波爾戰爭雖然都顯示出持久戰爭的傾向，可是這些都是為了殖民地而開戰的關係，所以很快就結束了。當然相對於兵力的廣大土地與交通的不便是使兩戰爭必須形成持久戰爭的原因，可是若詳細觀察這兩場戰爭的話，就可以看出從正面突破是有很高的困難度。這就是歐洲大戰會形成持久戰爭的預告。德國在這場戰爭的教訓下努力增加重砲的數量。雖然著眼點正確，但卻沒有掌握時勢真相的眼光。

第一次歐洲大戰開戰後，雖然擁有豐富殖民地戰爭經驗的基奇納元帥說戰爭至少會持續三年，可是一般的任何人都認為戰爭會在最短期間內結束，尤其在德國，人們相信一定會在柏林渡過聖誕節，士兵也在運兵列車上塗鴉，寫上「往巴黎」的字樣。

然而以破竹之勢，攻勢已經到達了巴黎前的德軍卻在馬恩河被擊敗並且往後撤，戰線從瑞士到北海，而戰況也形成膠著的狀態，且東部戰線也還未到進行決戰的時機，結果戰況與眾人所預測的不同，最後變成為期四年半的持久戰爭。

一九一四年小毛奇上將的作戰比起一九〇五年的施里芬計畫案是個較為消極的作戰案。也就是在施里芬計畫中只使用一個半軍團、四個半後備旅團、六個騎兵師團的梅斯以東地區上，運用了八個軍團，五個後備旅團、六個騎兵師團，而與凡爾登以西所使用的第一乃至第四軍攻勢側翼的兵力合計也只不過二十一個軍團而已。這樣德軍的右翼無法到達巴黎也是理所當然的。

施里芬退役後，比起聯軍漸漸增強軍備，德國的軍備反而無法按計畫增強。第一次歐洲大戰前，德國的政局與九一八事變之前的日本政局非常類似。在社會上，自由主義政黨的勢力龐大，參謀本部的要求一直難以獲得戰爭部的同意（而且參謀本部的要求也在社會風潮的壓力下而有所顧慮），加上戰爭部與財政部，政府與議會之間的關係常影響到軍備的擴充。完全是被英國的宣傳所迷惑了。有很多日本的知識份子都認為開戰時同盟國（德奧）的軍備比起協約國（英法俄）的軍備都還要來的有優勢，不過實際上和同盟國一百六十七個師團相比，協約國的二百三十四個師團是佔有優勢的。同盟國的軍備擴張是遠遠不及俄、法兩國的。

一九一二年施里芬的個人計畫案中是假設法國會增加兵力與進行攻勢作戰，所以難以期待德軍可以通過安特衛普、那慕爾的隘路，因此考慮到從一開始要包抄敵人側翼是很困難，所以要一度突破敵人陣線，必須要對所有正面加以猛攻（在一九〇五年計畫案裡洛林以東是為守勢）。為此施里芬認為大量增加兵力是有其必要，並主張要動員所有的已受訓的補充兵，而且即使減少師團人數也要大量增加兵團的數量。當然，主力部隊是完全用在右翼上的。

施里芬退役後也都每年製作個人的作戰計畫案，在聖誕節時一定會送到參謀本部的克魯將軍的手裡。而日本軍人是怎麼做的呢？

同時敗於經濟戰的德國

在自由主義政治的浪潮下的德國陸軍，也在摩洛哥危機與巴爾幹戰爭及法俄兩國增加軍備的刺激下，在一九一一年以來進行了軍備的擴充，特別是參謀本部提案常備兵力增加三十萬，而議會僅通過了十一萬七千名部隊的擴充案。德國參謀本部的人時常嘆息說，如果軍備擴充不受到政治的牽制，果斷進行的話，德國就能獲得馬恩河會戰的勝利吧。

可是在當時的德國軍方沒有充分的建設基本國防的熱忱，動不動就把重點放在解決人事行政的瓶頸上，看不到擴軍的企圖。當然軍團的增加在平時也是無可厚非的，不過在應急上我認為更重要的是就如施里芬所主張的一樣，首先要把重心放在已受訓補充兵的動員上。

小毛奇將軍的計畫案被認為是一種扭曲施里芬計畫案的作戰而遭受到嚴厲的批評。的確這是有被批評的道理在。如果施里芬在當時還在擔任參謀總長的話，或許德國有可能在第一次歐洲大戰中實施決戰戰爭，降服法國而獲得戰爭的勝利也說不定（擊敗法國後能不能屈服英國又是另一個問題了）。可是我們必須留意的是當小毛奇的作戰計畫的影響力在衰退的時候，時代的趨勢也已經開始在發酵了。

一九〇六年，也就是施里芬退役的那一年，換句話說徹底的決戰戰爭思潮達到高峰的那一年，德國參謀本部提案設立經濟參謀本部。在無意識之中開始出現了持久戰爭的徵兆。

我相信在人類社會現象的考察上，是提供了一個非常好的警示。特別要注意的是作戰計畫的當事人是最早察覺到這現象的人。在輿論界，甚至於軍事界開始提倡有必要從事經濟動員準備的，最晚是從一九一二年那時開始的。可是這卻沒有造成太大的影響，除了財政上的準備之外，其他沒有值得留意的地方。

「一九一四年七月初旬，因為當時鹿特丹有著豐富的穀糧，於是內政部次長馮．戴布流克突然想要創設德意志帝國穀物儲藏倉庫，然而這必須花費五百萬的馬克，可是財政大臣卻不肯同意這項支出。財政大臣寫信給戴布流克，向他解釋不肯同意的理由。他說：『我們絕對不可能走向戰爭的。如果我答應提供你五百萬馬克的支出的話，這跟賣掉穀物來補償國庫損失是一樣的。一九一五年的預算編列上已經出現困難了，這只會讓這困難更惡化而已。』

結果這項資金並沒有撥列下來，預算的編列也順利完成，而七十五萬的德國人因為飢餓而死亡」（安東．契切卡著《突破封鎖的發明家》三四一—三五頁）

「難纏的日本人」

小毛奇上將是老毛奇元帥的姪子，長期以來都擔任老毛奇的副官，他既非陸軍大學出身，在參謀本部的勤務也極為短暫。他會擔任參謀總長主要是因為與德皇的私人交情。他並非施里芬的弟子，這反而讓小毛奇比起參謀本部的人們，對於時代性的感受都還要來得敏感。

施里芬的計畫案不僅比利時，連荷蘭的中立狀態也都毫不猶豫地侵犯，我在德國留學的時候立志從事歐洲戰史的研究，於是決定與北野中將（當時為上尉）去聆聽奧托中校的課程。奧托中校一開始用在陸軍大學向學生們授課的講義要點來出問題，可是問題太無趣的關係，於是我出了個研究問題卻讓他傷透了腦筋。當某日我問他施里芬真的決定侵犯荷蘭的中立吧，這時我舉出各種理由來說明原因，特別是我詰問說，雖然戰史課長福爾斯特中校的著作裡寫道施里芬一直苦惱著如何通過安特衛普、那慕爾的隘路，可是在這之前不是有列日、那慕爾的大隘路嗎？施里芬認為這不成問題就是侵犯荷蘭中立的證據，我要求奧托中校問福爾斯特課長。可是下次奧托中校拿著切結書要我簽名，於是我看了一下，結果上面寫著：「雖與您一同從事戰史研究但絕不會暴露德國的機密。」聽說奧托中校向友人抱怨：「日本人真是難纏。結果好像因為這樣，於是福爾斯特中校的名著《施里芬與世界大戰》的第二版中，補充了強行渡過默茲河的內容。即使到了今日，這個回憶仍令我感到相當愉快。接著在這之後，福爾斯特在報紙期刊上發表了一篇名為「施里芬伯爵也企圖使用暴力壓制荷蘭嗎？」的論文。結果論文的解釋是施里芬並不是使用暴力侵犯，而是在荷蘭的諒解之下的。

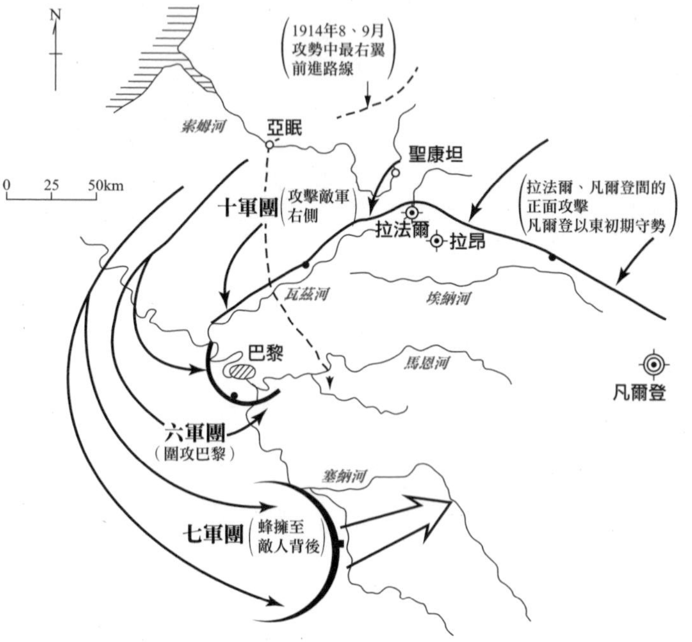

一九二二年我找到了小毛奇上將的夫人所出版；小毛奇將軍的《回憶、書信、公文書》。我看了這文獻後，看到一九一四年十一月的〈觀察及回憶〉中記錄著「……施里芬伯爵企圖以德軍的右翼通過荷蘭南部。我不想使荷蘭站在敵人那一方，寧願接受我軍右翼強行通過亞琛與林保省南端之間的狹小地區這個技術上的大困難。為了要使這個行動能夠成功必須盡快佔領列日。所以訂立了以奇襲攻擊此要塞的計畫案。」

若不侵犯荷蘭的中立的話，德軍的主力部隊要進入默茲河左岸，就必須通過從荷蘭國境到那慕爾要塞約七十公里的地區，這途中有弗伊的碉堡與被稱為比利時難攻不落的列日要塞。因為列日要塞在第一次歐洲大戰中較為輕易地（主要原因是這個計畫的負責人魯登道夫偶然地參加了這場攻擊行動）被攻陷，所以世人都輕鬆以對，可是我們一定要充分地察覺，小毛奇為了使德軍主力能夠往默茲河左岸前進，而是抱著連今日的我們都無法想像的大煩惱。

小毛奇的誤算

敵人準備對亞爾薩斯、洛林地區展開攻擊的企圖，大致上從情報消息上已逐漸獲得確認。可是洛林薩爾的礦工業地區對於德國工業上來說有著相當重要的價值。當然如果要能徹底進行決戰戰爭的話，小毛奇也是有可能做出必須忍受一時之間失去這個地區控制權的決定，但是有著可能走向持久戰爭預感的小毛奇卻是無法忍受。

因此，小毛奇上將面對敵人的進攻，希望能執行利用梅斯要塞，也就是所謂把敵軍引誘至捉鱉的甕中一網打盡，主力則從默茲河右岸向敵人背後進逼的作戰。這想法是在某年的參謀旅行中，一位專習員提案，對於往洛林地區突進而來的敵人，就按照作戰計畫使主力往默茲河左岸前進，對於這位專習員的提案，小毛奇講評說：「沒有那個必要，應該要從默茲河右岸來逼近敵人後側。」

可是無能為力的小毛奇是不可能有斷然地放棄施里芬傳統大迂迴作戰的勇氣。參謀本部的氣氛也不會允許這樣。還有，實際上小毛奇也無那麼清晰的判斷能力。雖然不受長年以來的傳統所束縛而享有自由，小毛奇對於持久戰爭的預感比其他任何人都還要來得強烈，可是卻也無法明確地掌握次世代的趨勢。我並不是在說小毛奇將軍是個才智平庸的人。若不是像拿破崙，希特勒這樣億萬人中選一的優秀人才是不可能辦得到的。

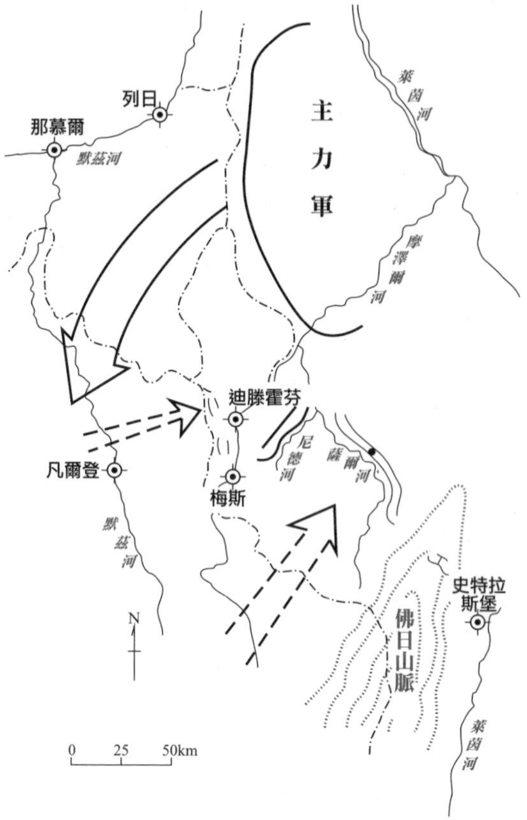

一九一四年八月十八日這天的小毛奇，只要能看透這天的情勢，就自然能理解他的煩悶了。敵人如預期的一樣，往洛林地區進攻而來。可是敵人的態度相當謹慎，到底會不會進到甕中呢？列日在這期間攻陷，兵力的集中按計畫完成，要等待敵人攻勢嗎？想等待但兵力已集中完成。大迂迴作戰在整體的氣氛下是刻不容緩的，就是他當初的心境吧。

不完整的計畫、不完整的指揮最後就導致了馬恩河會戰的結果。但是可以知道的是，會走到這個地步光指責小毛奇一人是太過於牽強的。一定要觀察時代的趨勢。

小毛奇上將因敗於馬恩河而下台，於是陸軍大臣法金漢兼任了參謀總長。他大力提拔連軍團長的經驗都沒有的新人。雖然法金漢努力想要挽回西線的頹勢，可是最後還是無法成功。魯登道夫一派，趁著一九一四年，特別是一九一五年魯登道夫等人在東線戰事的成功來攻擊法金漢不接受他們的獻策，果敢地轉用兵力於東線上。若能如他們所說的一樣，能給與俄國迎頭痛擊的話，對於整體的戰略指導上或許就會帶來好的結果也說不定。但可判斷的是對於擁有廣大領土的俄羅斯強制進行決戰戰爭在當時恐怕是有困難的。

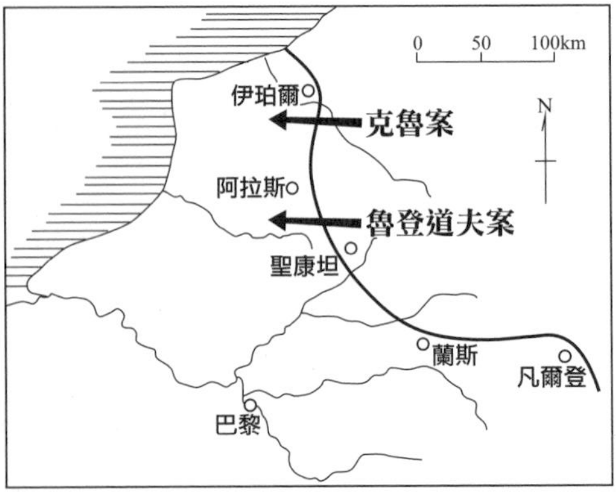

「最後一兵一卒」

法金漢的下台後就變成由興登堡、魯登道夫所掌控。

雖然德國在軍事上的成果是非常成功的，但隨著經濟越加

困難，整體局勢對德國也越來越不利。德國是應該要堅決地活用軍事上的成果，並以美國總統所提出的無割據、無賠償主義為基礎來談和的。在政略關係是希望能夠談和的，可是魯登道夫認為歐洲大戰是克勞塞維茨的「理念戰爭」，協約國不殲滅同盟國是不會罷休的，所以在這場戰爭中，統帥絕對不能受到政治的牽制，於是政略戰略之間的距離越來越遠，「事已至此只有戰到最後」，結果就是以慘敗收場。魯登道夫一派就如戴布流克所說的一樣，對於戰爭的本質並沒有明確的見解。也就是斷定拿破崙以後只有決戰戰爭才是戰爭的唯一型態，他們沒有領悟到其實他們是在進行一場持久戰爭。

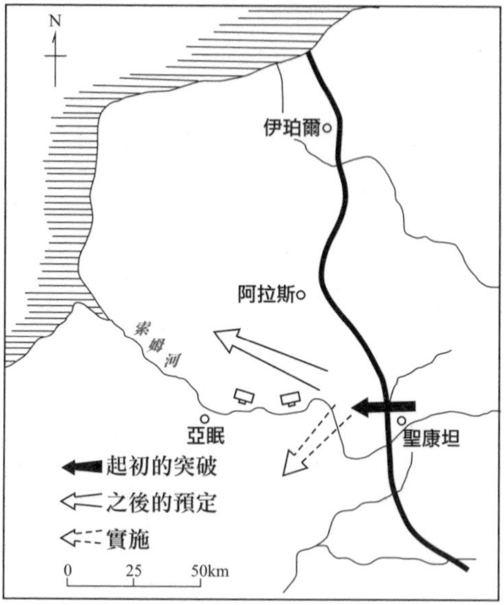

可是一想到德國的慘敗，那個極為慘無人道的凡爾賽條約的限制成為今日納粹德國出現的原動力的話，他們從這種半調子的和平中徹底進行所謂「英雄式的鬥爭」也可以說是正確的。以人類的智慧是很難預測天意的。

魯登道夫主張潛艇戰術及其他各項計

畫，全都是根據殲滅戰略思想所制訂的。而與戴布流克教授經常在殲滅戰略、消耗戰略的問題上做辯論，可是魯登道夫在兩種戰略的定義上是曖昧不明的。排除政治的干涉而無限制地強行潛艇戰就稱為殲滅戰略，但是在我們的想法上，潛艇戰嚴格上來說很難稱得上是殲滅戰略。

由於俄羅斯帝國的解體，一九一八年嘗試在西線進行大攻勢的魯登道夫，大聲疾呼這是一場殲滅戰略的作戰。這場軍事上的一個行動即使稱得上是一個殲滅戰略，但卻不是魯登道夫要將那戰略徹底執行到最後，攻擊歐洲大陸的敵人主力，至少對法國強制進行決戰戰爭的決心。也就是說這只不過是持久戰爭的一場戰役中所執行的一個殲滅戰略罷了。這與腓特烈大帝在持久戰爭末期企圖突破困境而決定進行的托爾高會戰類似。

魯登道夫針對一九一八年的三月攻勢的進攻方面，在比較克魯上將所提案的法蘭德斯攻勢與聖康坦攻勢時，他承認從戰略上來說前者的確比較有利，然而最後卻採用了聖康坦案，他宣稱這是因為戰術上的要求所做的選擇。

若是真的非常想和法國進行決戰的話，是應該突破聖康坦附近地區，切斷英法軍之間的聯繫並與機動戰做連結來擊破敵人主力，這是戰略上最為有利的方式。

然而魯登道夫卻判斷當時的德軍已經欠缺如此的機動性，擊敗英軍然後佔領英吉利海峽沿岸，這樣讓敵人放棄抵抗的機率較大，所以主張法蘭德斯攻勢在戰略上較為有利。魯登道夫認為在現實上是不可能進行決戰戰爭的。

三月攻勢的目標是擊敗英軍，然後向英吉利海峽推進。因此對於法軍的作戰，德軍是想隨著攻勢的進展同時確保索姆的防線以鞏固左側。在攻勢初期因為得到了比預期上還要好的成果，所以魯登道夫突然改變預定的目標而向索姆河南岸進軍，準備進行更大規模的作戰。可是這個攻勢最後卻遭到了挫折。在戰後，有關於攻勢遭受到挫折，魯登道夫說是因為「無法做到機動戰」的關係。結果他既無法到達英吉利海峽，也做不到大規模的機動戰，反而給新佔領區的左翼方面帶來危機。

再次強調，德國軍事界對有關戰爭性質的固定見解，即使開戰後的戰爭型態與開戰前所預想的完全不同，他們卻還是毫無領悟，這對於一九一八年的攻勢的戰略指導上帶來嚴重的影響。

於是德國就被統帥單位「事已至此只有徹底地」的主張所拖下水，軍方實際上也失去了自信，在政治上，當然無論是否有信念，也只能繼續走下去，盡頭就是凡爾賽條約的屈辱。

與上萬人的預期相反而形成持久戰爭的第一個因素就是武器的進步。機槍的火力相當強，在防禦上特別有利。要突破堅守陣地，堅決防禦的敵人是非常困難。加上兵力的增加，於是戰線從這個海岸沿伸至另一邊的海岸，且無法進行迂迴作戰。既無法突破也無法迂迴，結果就是形成持久戰爭。

這與因法國大革命戰爭型態由持久戰爭轉變為決戰戰爭的情況有所不同。也就是說腓特烈大帝所使用的武器，拿破崙所使用的武器幾乎是一樣的，可是社會革命改變了軍隊的本質，並結束了舊有的消耗戰略時代，使得戰爭型態走向決戰戰爭的時代。

在第二次歐洲大戰的開端中，獲得戲劇性勝利的德國

持久戰爭是實力在伯仲之間的國家所進行的戰爭。第二次歐洲大戰中德國運用所謂的閃擊作戰，能夠對於波蘭或是挪威等弱小國家進行決戰戰爭，這當然是不足為奇的。英法軍與德軍雙方幾乎不可能突破馬其諾、齊格菲陣地線的，以常識上來說，一般都相信結果是會變成持久戰爭的。

然而在一九四〇年五月十日，德軍向西線展開攻勢後迅雷不及掩耳，僅僅七周就降伏了敵人，獲得世界戰史上前所未有的大戰果，對於法國也成功地進行了一場完美的決戰戰爭。五月十日攻勢開始後，首先空襲了荷蘭、比利時、法國三國主要的機場，之後大約在一、兩天之內掌握了制空權，然後主要以飛機與機械化部隊的巧妙協同作戰下，進行了神速果敢的作戰。特別是在民族血緣上最為接近的荷蘭內部巧妙地進行了情報工作，加上大膽運用了空降部隊，於是在五天之內就攻陷了荷蘭。

進攻比利時的德軍，也以破竹之勢突破了默茲河這個大屏障之後向西挺進，尤其進入到

阿登地區的部隊從法軍意想不到的地方出現，五月十日已經在色當附近渡過了默茲河，就這樣突破了馬其諾的延長防線。

施里芬以來德軍的主力就放在右翼，可是今日德軍經過阿登錯綜複雜的地形後一舉突破了法國北部。

奇襲所獲得的效果相當好。德軍戰力堅強的機械化部隊從色當地區的突破點率先突進法國，就像一九一八年三月攻勢中魯登道夫所設想的一樣，利用埃納、瓦茲、索姆等河川或運河，確實掩護左側背的同時，主力一路向西挺進，很快地就到達了阿布維爾。據說德軍到達的時候，當地一部分的法軍還悠哉地在教練場上操課。這說明了德軍的進擊是如何地神速。

就這樣在法蘭德斯與阿爾多瓦的英國、比利時部隊以及法國的主要部隊瞬間被包圍，於是在五月二十二日決定了聯軍部隊的命運。德軍的包圍網一時一刻地不斷縮小，發現形勢不妙的英軍匆匆忙忙地開始往英國撤退。看到這情況的比利時國王在五月二十八日就無條件向德軍投降了。

接著形勢更急轉直下。投降的英法軍越來越多，六月四日敦克爾克陷落後終於結束了這方面的作戰。

僅僅兩周的時間就降伏了荷、比兩國。英法的主力部隊被完全擊潰，僅有少部分逃回了本國。

德軍在六月五日早已在索姆河強行渡河成功，法國的抵抗意志急速地消沉，各地節節敗退，六月十四日德軍進入了巴黎，六月二十五日休戰成立。

德國的作戰宛如神蹟般，一般人們都相信持久戰爭的時代已經過去，決戰戰爭的時代似乎已再次到來。可是關於這一點有充分謹慎觀察的必要。

首先來觀察一下戰術方面。德軍的成功主要是靠飛機、坦克的威力。與第一次歐洲大戰時相比，這兩種武器完全面目一新，特別是飛機，它的確造成了軍事上的革命。可是對於這兩種武器，是否能夠簡單地從正面突破呢？德軍快速地取得制空權後就毫無顧慮地攻擊法軍的後方。法軍為此交通陷入了大混亂，加上集團行動的部隊受到絕對的威脅而失去行動的自由也是當然的事。可是面對完成戰鬥態勢，做好作戰準備的軍隊，飛機的攻擊所能發揮的威力並不大。

坦克面對沒有準備的軍隊，特別是狼狽不堪的軍隊，其威力特別大。可是卻常受到地形的限制，在戰場上常會變成無用之物。面對沉著且充分準備的軍隊是無法逞其威猛的。特別要想到的是對付坦克的火砲整備比起坦克的整備都還要簡單。

即使坦克能夠突破敵陣，但是突破口卻被敵人阻擋，與在後方跟隨而來的步兵斷絕聯絡的時候，坦克車燃料就會馬上耗盡而熄火。所以要真的突破擁有近代化裝備，守備意志堅定的敵軍陣地是很不容易的一件事。

法國人相信馬其諾是條難攻不落的防線。然而依據德軍佔領後的研究發現，馬其諾防線的建築結構主要是以第一次歐洲大戰的經驗，只考慮到如何抵擋火砲的攻擊，卻完全沒有考慮到進攻一方的新式武器。也就是說自由主義法國欠缺對抗積極戰備德國的魄力。

德軍在空軍與坦克車，加上步兵工兵的密切合作之下，用突破碉堡中間的的方式，出乎法軍的意表之外。

特別是自由主義國家法國，其怠慢就是自己竟安心地把馬其諾防線的北端託付給比利時國境防衛，把這當作可迂迴作戰的陣地。所謂馬其諾延長防線僅止於紙上計畫，大概在出現危機的時候才會進行修築工事，可是第二次歐洲大戰爆發後，因為勞動力不足等關係而無法做最完整的工事。還有為了連接馬其諾防線，比利時原本約定要以列日為主要地區修建比照馬其諾防線規模的碉堡，可是實際上卻沒有進行完整的工事。

事實上，德軍就是針對著各個弱點擊破。一到了機動戰，德軍那極為優越的空軍與機械化部隊使得聯軍部隊膽顫心驚並完成了膽大無比的作戰。

而那處於極為劣勢的芬蘭，長期間抵擋了裝備精良的蘇聯軍的猛攻，直至今日這仍證明防禦的力量是多麼地強大。連這次的作戰也是一樣，在芬蘭戰線上，與敵人正面衝突的德軍，其攻擊卻是無法輕易地獲得戰果。這證明了空軍的急速發展，坦克車的精良也難以突破充分戰備，戰鬥意志堅定的敵人防線。

「慘敗法國」

第一次歐洲大戰中，法國、比利時的戰鬥意志並不比英國還要差，可是這次情況卻有所不同。法國的頹廢氣氛，支配階級「滅公奉私」的卑劣行為，這是讀了安德烈．莫魯瓦的《慘敗法國》一書的讀者所立刻感到痛楚的地方。

英國的利己行為破壞了法國與比利時的精神結合。數年前德國決定進駐萊茵地區的時候，法國主張應該斷然地按照凡爾賽條約來打擊德國，可是英國卻反對，據說之後有關於作戰計畫上往往意見不一致。如果兩國真的有團結一致，對抗德國入侵的熱忱的話，那麼就應該將德國、比利時國境上的碉堡修建完成，並且在往後的作戰上也要更緊密地配合才對。

從戰略上來看，戰力明顯處於劣勢的法國應該在國境採取防守態勢才對，軍方當局可能也希望如此。可是在政略上卻不允許這麼做。不得已只好將主要部隊推進至比利時，但在德國的閃擊作戰之下，法軍一被包圍，利己主義的英國馬上就露出本性開始往本國撤退了。英國若是真的想要打的話，就應該把本國的防衛全交由海軍，並盡可能地運用任何手段將該國陸軍駐留在歐洲大陸才對。英國的態度使得比利時投降、法國喪失戰意也是理所當然的。

如此推論下可得知，這是一個沒有準備且不團結、毫無激情的自由主義國家與一個靠著鐵血般的意志；在完全且鼓動的激情下團結一致，極度且合理地集中運用總體國力的全體主義國家的相互對立，絕對不是一個戰力相當的鬥爭。也就是說決戰戰爭並非時代所造成，而是雙方實力上的懸殊完成了這歷史上無比燦爛的決戰戰爭。

特別在這時候要我國國民深切反省的是，自由主義國家與全體主義國家在戰爭準備能力上的差距是相當令人驚嘆的。成熟的富裕國家英法兩國，面對戰後已疲憊不堪更無法跳脫貧困的德國，在納粹政權成立後僅僅數年就陷入了如此頹勢之中。這個例子在九一八事變後，我國在遠東作戰準備上與蘇聯之間有過相當的經驗。九一八事變當時兩國的戰力在伯仲之間，可是僅僅數年之內彼我戰力已經出現了差距，這是造成往後東亞不安定的根本原因。我們必須盡快在強而有力的統制之下，以世界無比的急快速度增加我們的戰力才行。

以空軍為主力的時代來臨

同樣地，今日面對法國完成了光輝般的決戰戰爭的德國，也無法對一海之隔的英國繼續進行殲滅戰略，且形成持久戰爭的機率依然是相當地高。德國對英國執行殲滅戰略，也就是要強行登陸作戰的話，就絕對需要掌握英吉利海峽的制海權。可是即使掌握了制海權，登陸作戰仍是非常地困難。在海軍戰力處於劣勢的德國要掌握制海權主要就只能靠空軍。我們在常識上認為，若佔領了法國海岸的話，空軍佔有優勢的德國就可以給與英國近海海運一大打擊，光這樣英國就會屈服了，可是觀察到目前為止的狀況來看，以飛機來擊沉船艦，其威力還比不上潛水艇。英吉利海峽似乎還在英國海軍的支配下。今後德國能否獲得這海峽的控制權，就是能否進行決戰戰爭的第一個分歧點。

從去年九月之後的倫敦大轟炸的結果來看，即使今日如此進步的空軍，要用空軍來進行決戰戰爭似乎是不可能的。

總之，因法國大革命所產生的國民軍隊，斷絕了職業軍隊時代的病根，採用殲滅戰略，在其威力的所及範圍內進行了決戰戰爭。然而武器的進步對於攻防雙方的利益卻是有交互出現的傾向，可是大致上還是對防禦的一方較為有利，讓逐次的正面突破更加困難。即使如此少量兵力的時代仍是有迂迴包抄敵人兩側的可能性。正面突破的困難大增，而且決戰戰爭的要求是越來越急迫的德國孕育出施里芬的「坎尼」思想則是這個時代要求的結果。

徹底的全民皆兵制度增加了兵力，在高人口密度的歐洲各國可徵集到以國軍守護全國境所需的兵員，結果在無法進行迂迴作戰下進入到了持久戰爭的時代。

毒氣、坦克車等在第一次歐洲戰爭末期已經證明了在突破敵人正面上有著相當大的威力，且急忙地想要跳脫出持久戰的泥沼。大戰後空軍的發展極為快速，於是衍生出以空軍來破壞敵軍的後方或是靠軍隊的直接攻擊來企圖突破敵軍陣地，然後更進一步來攻擊敵人的政治中心而使敵人屈服的兩種想法，在警示決戰戰爭到來的同時爆發了第二次歐洲大戰。德國靠著飛機、坦克巧妙的協同作戰，成功地突破了敵人陣地，完成了對歐洲大陸各國的決戰戰爭。可是這結果卻是因為對手對於德國欠缺認真戰備的態度，強國之間要靠地面兵力來進行決戰戰爭可以說依然是相當困難的。

第二種以空軍攻擊敵國中心的決戰戰爭，由於英德兩國之間戰爭的驗證下，已經證明了現今依然是做不到的。可是若以空軍為主力的時代來臨的話，從此海洋再也不是形成持久戰爭的原因。空軍的徹底發展預告了這個決戰戰爭，而且無庸置疑的，這不是依靠地面作戰而是以空襲敵國中心的方式。能夠對於位在地球半圈距離外的敵人強制進行決戰戰爭的時候，就是世界最終戰爭到來之時。

第三章　歷史性的會戰

第一線決戰主義與第二線決戰主義

就像戰爭性質有陰陽兩種一樣，會戰也可以分為兩種傾向。

1　從開始就確立方針，一舉且迅速地尋求決戰。（第一線決戰主義）

2　一開始首先盡可能傷害敵人然後見機進行決戰。（第二線決戰主義）

兩者的比較上、

第一線決戰主義

一、指揮官確立決戰方針並執行攻擊。

二、第一線的兵力強大，預備兵力為少數。

三、最猛烈進行最初的衝擊。

四、常受偶然所支配，為奏奇效之便。

第二線決戰主義

一、指揮官觀察會戰過程後決定決戰的方針。

二、配置極為有力的預備部隊。

三、最猛烈進行最後的衝擊。

四、堅實且不常受偶然支配，兵力為最重大之要素。

為何分為二種類

1　武力的強韌性。

2　民族性以及指揮官的性格。

攻擊威力強大，而防禦能力脆弱的戰鬥，換言之，就是及早決定勝敗的戰鬥中，自然會採取第一線決戰主義。例如騎兵的密集襲擊。相反地，防禦相當強韌時便很難迅速地決勝負。魯莽躁進是相當危險的，所以採用第二線決戰主義就會較有利。因此，這兩種類型大多會受到該時代軍隊性格的影響。特別是武器越是進步，當然國民性及指揮官性格的影響所及也就越來越小。

這就是為甚麼古代，在兵器極為單純的時代，國民性對於會戰指導要領的影響會比較來得大的原因。希臘人建立強大的大集團並且命名為方陣。靠著這大集團強大的衝擊力企圖一舉決勝負。相反地，羅馬人編制了稱為軍團的較小規模集團。羅馬軍團利用了行動上的自由來巧妙地傷害敵人，使敵人陷入混亂並等待時機進行決戰。也就是說希臘人傾向於第一線決戰主義，而羅馬人則偏好第二線決戰主義。第一線決戰主義是理想主義的，而第二線決戰主義則是現實主義的。

這大概可以看出擅長哲學與藝術的希臘人，擅長實務的羅馬人，其民族性與會戰方式之間的相關性吧。

根據田中寬一博士的《日本民族的將來》所述，古代希臘人與今日的希臘人不同，是屬於北方民族。

雖然現今武器的裝備越來越精良，民族性的影響也不比過去大，可是觀察第一次歐洲大戰初期的兩軍作戰，當然還有其他各種理由，不過與羅馬民族較為接近的法國採取了，首先以第一、第二軍團侵入敵地，並在後方集結第四軍團等部隊，然後依據戰況來決定主決戰場的態勢，相反地，較接進希臘人的德國將主決戰場決定於右翼，強大的軍團因應此目的來展開戰略佈署，企圖一舉殺進敵軍的左側。

這可看出即使到了今日，民族性不僅對會戰的指揮方針，在所有軍事相關上都還是有相當的影響力在。

指揮官的性格也在同樣的含意上發揮其個性。連拿破崙也像在奧斯特里茲會戰（一八〇五年，三皇會戰、拿破崙大勝）一樣，曾經企圖進行第一線決戰。還有，雖然當時的縱隊戰術就如後述的一樣，自然以第二線決戰主義較為有利，而第二線決戰是拿破崙最得意的部分。地中海民族出現了一位第二線決戰最有名專家，這不是很有趣嗎？

還有北方民族出身第一線決戰的最有名專家腓特烈大帝；雖說這是時代的趨勢使然，但也不見得是偶然。

德法的軍事學

民族性會影響用兵方法，當然在軍事學上也會出現同樣的傾向。

就像福煦元帥向伊藤述史先生說的一樣，軍事學當然也受到民族性格的影響。歸納法的克勞塞維茨與演繹法的約米尼可說是在顯示德法這兩民族的傾向。一八七〇—七一年的普法戰爭中，德國大勝的結果，於是毛奇、克勞塞維茨的研究在法國也興盛了起來。一九〇二年出版彭納爾的《關於德法高等兵學的方式》一書中寫道：「約米尼所論述的從一般原則而來的延展戰法系統是謬誤、危險的，應該是要摒除不用的方法。」可是在法國約米尼的思想依然擁有相當大的影響力。尤其第一次歐洲大戰的勝利給了反克勞塞維茨派相當大的鼓舞，卡猛將軍在一九二三年出版的《拿破崙的戰爭方法》中說道：「一八七〇年以後仿效普魯士軍隊的風氣興盛，首先研究了霍恩洛內、哥爾茨、布魯梅、契爾夫、梅克爾等人，接著便論及他們的思想泉源克勞塞維茨。一八八三年—八四年卡爾德少校在陸軍大學進行了一連串有關克勞塞維茨的演講。……總之，一八八三年以來克勞塞維茨主義在我陸軍大學內相當普及，在拿破崙戰鬥方法的完全理解上造成了一個很大的障礙。」就如同約米尼所做的一樣，為了發現拿破崙的方式而下了不少功夫。

德國著名的軍事學家弗萊達哈．羅林格霍芬批評：「法國人的思想比起分析戰爭現象的克勞塞維茨觀察法，還更喜好約米尼的演繹法、嚴謹的形式上的方法」，並且慶幸約米尼學派的華爾騰貝格（《將帥拿破崙》的作者）的研究沒有帶給德軍太大的影響。弗萊達哈是克勞塞維茨研究的大師。克勞塞維茨的思想支配了所有的德軍，這是不用再次強調的事情。

我們日本軍人在學習西洋軍事學時必須好好地活用日本民族的總合特性，從廣處高處觀察後下公正的判斷，並要有獨自的見解才行。

腓特烈大帝與拿破崙的著名會戰

雖說民族性、指揮官的性格對於會戰指揮方針的作用就如前述一樣是不可忽視的因素，可是因為武器的進步，當時受武力性格的影響更是徹底，大致上是受到時代性所左右。

橫隊戰術，特別是受該戰術末期的軍隊性質所制約而失去武器的進步與協調之後的橫隊戰術，其技巧已走到了旁枝末節，遲鈍且脆弱，尤其毫無防備的側面更是橫隊戰術最大的弱點。橫隊戰術用第一線決戰主義是最為合理的。尤其是當時靠著積極訓練與軍事學研究，使得對軍隊的精實抱持著滿腔自信的腓特烈大帝立下了令世人驚嘆的戰功。

在第一線決戰的特徵上，兵力的多寡並不像第二線決戰一樣有著決定性的影響。腓特烈大帝時代以寡擊眾的例子特別受到尊崇。腓特烈大帝十三次的會戰中有三次敗北，十次的勝利之中有六次是以優勢兵力破敵，但沒有一次是以顯著優勢的兵力作戰的。著名的洛伊滕會戰是擊敗二倍以上，羅斯巴赫會戰是擊敗三倍數量的敵軍。

可是如此的大勝仗，就如研究的結果一樣；在持久戰爭的時代中，也沒有像拿破崙那平凡的勝利一樣，是無法給戰爭的命運帶來決定性的影響。消耗戰略、機動主義的必然性早已存在於戰爭中。

在法國大革命之下，產生散兵—縱隊戰術後，此隊形拋棄一切傭兵所慣於橫隊戰術的矛盾而增加強韌性，緩和了對於側面的感度。會戰自然就變成第二線決戰的方式。在戰場上集結擾於敵人的強大兵力，如此戰術的一般原則成為最有效果的方式。拿破崙在三十次的會戰中，獲得二十三次的勝利，其中有十三次是以顯著的優勢作戰，在劣勢之下獲勝的僅有三次，而且可以說是大會戰的只有德勒斯登戰役（一八一三年八月二十六日）而已。比起第一線決戰．第二線決戰的方式較難以奏奇襲之效。拿破崙有名的會戰中馬倫哥戰役（一八〇〇年六月十四日）是場不可思義的勝利，尤其是代表性的奧斯特里茲戰役（第一線決戰）、耶拿戰役中技術上也比不上腓特烈大帝的洛伊滕、羅斯巴赫會戰。可是拿破崙的勝利卻常對於戰爭的命運帶來決定性的影響。

老毛奇元帥是一位幕僚長並非指揮官，但是靠著卓越的戰爭準備而擊敗敵國。當時的會戰大概只有使第一線兵團向戰場前進佈署，執行上交給第一線的司令官，並沒有像腓特烈大帝或拿破崙一樣，有著強烈的最高統帥指揮的色彩。

在武器上，特別是擊針槍的採用進步使得散兵的威力大增，擴大逐次戰鬥正面再次形成橫廣隊形的結果，會戰指揮自然地再次朝向第一線決戰主義的發展，可是像到了施里芬全盛時代為止，會戰區分為「緒戰、戰鬥實行、決戰」三個時期一樣，拿破崙時代的第二線決戰風氣仍然殘存在當時的時代。

到了施里芬時代，戰鬥正面越來越擴大，鼓吹迂迴包抄敵人側背應該要更為大膽，第一線決戰主義徹底到來。會戰的方針早已在集中決定時確立，並朝向敵人背側斷然地進行決戰。施里芬〈坎尼會戰〉的一節中說道：「為了尋求在翼側的勝利，最後的預備隊不是放在中央後面而是必須保持在最外側。指揮官的慧眼在戰場上看破茫茫數十里波瀾壯闊的決戰地點後，再移動預備隊是不可能的事。預備隊在為會戰而前進的時候，就必須從下車的車站，更適當地說應該從鐵道運輸開始就要朝向該目標前進。」這個大軍在往會戰的前進之中，並不是像老毛奇元帥一樣只有提供方針，其他則交由第一線司令官自由發揮，而是全軍就如大隊操練一樣被要求「眼睛看右，接觸朝左」而前進。剛好有把腓特烈大帝的橫隊戰術大規模化的樣子。

法國所獲得的最後勝利

第一次歐洲大戰初期就如前面所說過的一樣，法軍的會戰方針稍微帶有第二線決戰的色彩（當然不完全是），德軍的第一線決戰主義極為明確。雖然不像施里芬計畫案那樣徹底，總之，從德軍侵入比利時開始到馬恩河會戰為止的作戰，恰好呈現了洛伊滕會戰擴大版的樣貌。

可是隨著陷入持久戰爭、戰線越來越長且深，會戰指揮的方針就自然地朝向第二線決戰主義發展。當然在局部的戰鬥中也有因奇襲作戰而用第一線決戰來指導的例子，可是光是這樣是很難完全突破既長且深的敵陣地帶，於是就變成在這之後靠著運用強大的預備隊來爭奪決戰的勝負。

德國賭上其最後命運的一九一八年的攻勢一共進行了五次，在第五次的時候，在敵人的攻勢之下很脆弱地就被擊潰，戰爭的勝負就在這裡出現了。

一般而言，一次的攻勢也可說是一次會戰，但以更宏觀的角度上來看，從三月到八月的所有作戰也可視為一個大型會戰。也就是說德軍用的是準備多個師團的大預備隊，數次攻擊敵人在戰術上的弱點而盡可能吸收（就是各個的攻擊從全軍的角度上來看是為一個戰鬥）敵人的預備隊，並估計敵人預備隊消耗的程度，而當敵人預備的儲存用完的時候，再以己方所保存的強大預備隊來一舉突破敵人的方式。德軍的最高司令部不見得如此想過，在各攻勢之間的間隔過大（在準備上縮短是不可能的），讓敵人有因應的準備，敵人也能夠巧妙地重建預備隊，趁著德軍在七月十五日的攻勢已經漸漸衰弱，在被授與全權指揮的福煦將軍他的英明果斷與洞察之下，進攻德軍攻勢的側面，最後攻守易位奠定了聯軍勝利的基礎。原本德軍的敗北，國內的情況佔了相當大的因素，可是從作戰方面來看的話，法軍是以恰好的火力來傷害敵人，趁著敵人威力消耗的機會由守轉攻，也就是以擴大所謂「火力主義的攻勢防禦」的形式來獲得最後的勝利。

決戰戰爭的好範例

這裡我來簡單說明一下，第一線決戰戰爭的名家腓特烈大帝的傑作洛伊滕，與第二線決戰戰爭的名家拿破崙的傑作利格尼兩場會戰來做為參考。

一、洛伊滕會戰

在羅斯巴赫大破法軍的腓特烈大帝，帶著戰勝的氣勢企圖從西里西亞一舉追擊奧軍而轉進到了布列斯勞。十二月五日腓特烈在舒米戴山區觀察佔領洛伊滕附近陣地的敵軍，並決定攻擊其左翼一舉擊破敵人。

因此，腓特烈大帝在普軍先鋒部隊抵達伯爾尼村莊的附近時，便命令先鋒部隊向左迴轉，巧妙地利用凹地及小丘陵來隱匿普軍行動而進入了羅貝林茲村，並展開橫隊佈陣。

下午一點腓特烈大帝命令梯隊（＊分隊）前進。

奧軍在普軍的斜行前進下（＊腓特烈大帝發明的戰術），其左翼遭受到了急襲，其左翼雖然企圖退到洛伊滕東方再與普軍對抗，可是在普軍猛烈果敢的攻擊與砲火的適切集中下完全不知如何應付，而立刻就陷入了混亂。

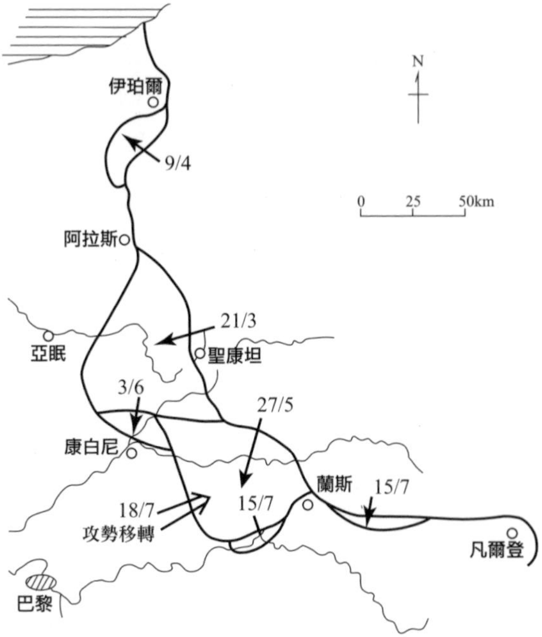

這場戰鬥的進行是從下午一點到四點多，奧軍的死傷一萬名，失去大砲一百三十一門，軍旗五十五面，俘虜約一萬二千名左右。

這場戰鬥是腓特烈大帝以三萬五千名的少數兵力擊敗六萬四千名奧軍的腓特烈大帝會戰中的傑作，是一個將兵力集中於一翼然後一舉強迫敵人做決戰的好範例。

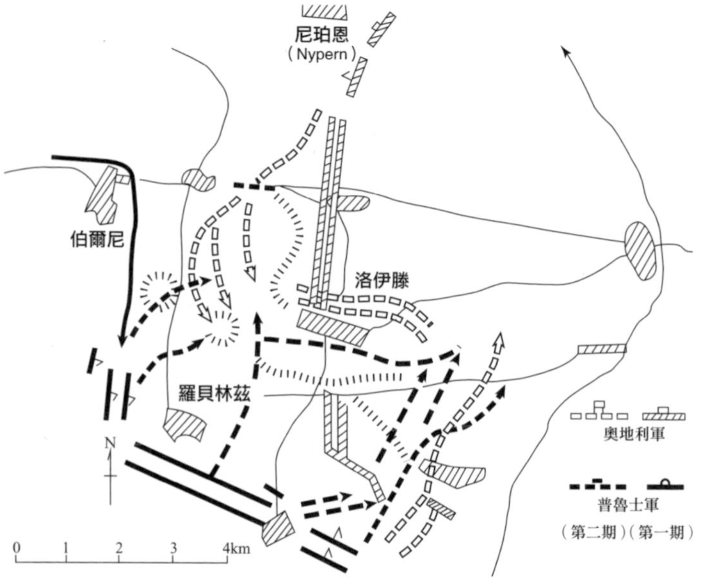

二、利格尼會戰

一八一五年突破荷蘭國境的拿破崙撥一部分的軍隊給內伊將軍使其對抗英軍，自己則率領主力（七萬三千）朝利格尼前進，準備攻擊布呂歇爾的軍隊。

布呂歇爾（普魯士將領）以三個軍團的兵力（八萬一千）佔領了沿著利格尼河的陣地，並要求英國將領威靈頓率軍支援準備與拿破崙決一死戰。

拿破崙經過弗留斯附近，同時偵察敵情後，計畫以一部分的兵力牽制普軍的左翼使其無法移動，並對右翼中央進行攻擊來消耗普軍的所有戰力，等到普軍開始疲勞後再以預備隊一舉殲滅。

於是就以格魯希元帥的騎兵隊牽制敵軍左翼，敵軍右翼方面，則以第三軍團攻擊聖

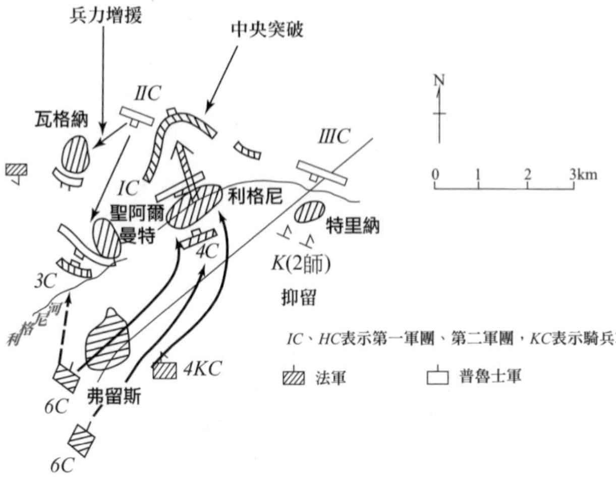

IC、HC表示第一軍團、第二軍團，KC表示騎兵軍團。

法軍　普魯士軍

阿爾曼特村，中央方面以第四軍團攻擊利格尼村，並以近衛、第四騎兵軍團及後續第六軍團做為預備隊。

戰鬥從下午二時左右開始進行。

在格魯希元帥巧妙的指揮下成功地牽制了普魯士第三軍團於其正面，可是在左翼方面，法國第三軍團卻不斷重複著聖阿爾曼特村莊的爭奪戰，戰況極為慘烈。

下午五時左右，普軍將領布呂歇爾命令待機中的殘餘部隊向利格尼村、聖阿爾曼特村移動，企圖包圍法軍左翼而加以猛烈的攻擊。拿破崙命令一部分軍隊前往救援，但未派主力前往參戰，而是等待時機的成熟。

過了下午七點，普軍預備隊的戰力完全消耗殆盡。正好這時候後續法國第六軍團到達了戰場。這裡拿破崙以七十門火砲面對著普軍中央，準備加以砲擊，並以一部分的近衛軍團、騎兵第四軍團、第四軍團朝向利格尼，準備做中央突破。普軍的戰力完全消耗殆盡，毫無因應的對策而敗退，布呂歇爾幾乎成為法軍俘虜，但最後還是成功逃脫了。

這場會戰是拿破崙得意的中央突破戰法，是第二線決戰的好範例。

第四章　戰鬥方式的進步與軍隊改革

由面（地面戰）到體（空中戰）

古代的戰鬥隊形是運用衝擊力的密集集團方式。到了中世紀的騎士時代變成單打獨鬥，戰術混亂，進入了軍事上的黑暗時代。但文藝復興帶來了軍事上的大改革。火藥的使用，無論是驍勇善戰的武士還是一般市民都會被一發砲彈所擊倒，並且衍生出步兵，讓人們再次看到戰術的進步。

火藥的威力將過去的集團改變為橫廣的隊形，而發展為橫隊戰術。關於橫隊戰術它那不自然的停滯與法國大革命所帶來的散兵戰術革新在此之前已經討論過，這裡就不再贅述。

整體上來說雖然是散兵戰術，但是最早散兵只是輔助，重點在於縱隊的突擊能力。後來隨著火藥的發展才逐漸把重心轉移到散兵上。即使如此，在老毛奇的時代大體上的戰術仍是以散兵的火力與密集隊形的突擊力並用的方式。接著才更進一步進入到「以散兵展開戰鬥，以散兵突擊」的時代，散兵戰術的發展達到最後階段的是從施里芬時代到歐洲大戰為止的時代。

在第一次歐洲大戰中，戰爭性質從決戰戰爭轉變到持久戰爭，戰術也從散兵進步到戰鬥群的形式。法國大革命當時，首先戰術上從橫隊戰術進步到散兵戰術，而成為戰爭性質變化的動機，可是這次卻是戰爭的性質首先發生變化，而戰術的進步則是在此之後。

最初因為戰線的正面太過堅強而無法突破，所以朝向持久戰爭的型態發展，可是後來在砲兵火力的集中之下，正面突破變得令人意外地容易。可是戰前逐次間隔越來越大的散兵間隔，為了避免損傷而變得更加寬大，依見解的不同，有人認為這也是第一線被突破的理由，可是一方面有人認為這可節約第一線的兵力，還有整體上國家軍隊兵力的增加，使在有限的正面上可用的兵力大增，如此將兵力做數條防線的配置來抵抗敵人的突破。也就是所謂的數線陣地。

可是因數線陣地的想法得將兵力逐次使用的關係，容易被各個擊破，所以自然地發展到了現今面式的戰鬥方法。我沒有詳細做過有關歐洲大戰中的戰術發展的關係，所以不敢妄下結論，不過在我的想法上，真正把面式戰法作思想上的集大成的應該是大戰結束後的蘇維埃聯邦。

大正三〔一九一四〕年八月偕行社雜誌的附錄中刊載了〈兵力節約案〉一文。應該是曾田中將所執筆的文章。那完全是以警戒為目的的。將一個小隊乃至一個分隊的兵力做間隔距離六百公尺且鱗形的配置，做各個獨立的閉鎖堡。靠著火力的相互支援來發揮防禦的功效，毫不保留地完全發揮了面式戰法的精神，這恐怕是世界上最早出現的想法。若是這樣的話，對於到今日為止幾乎看不到獨創意見的我國軍事界，可說是一大驕傲。

古代的密集集團可以視為點，橫隊可視為實線，散兵則是點線，也就是兩戰術是為線的戰法！而今日的戰鬥群戰術則是面的戰法。可是這戰法近來也會朝向體的戰法邁進。

不對，現今已經逐漸朝向體的戰法邁進了。在第二次歐洲大戰中仍然是在地面上進行決戰，空中戰鬥還是無法跳脫支援戰法的角色，但無庸置疑的是空中戰鬥是朝向體的戰法的發展過程。在線式戰法的時代，朝向面式戰法的發展是砲兵的採用。所有的革新變化絕對不是突然發生的。當然有時候發生大變化會被稱為「革命」，若在這個時候好好地觀察的話，會發現那層底流早在人們無意識之間波動了起來。

「無須害怕美國本土遭到攻擊」

蘇維埃聯邦的革命發生了許多前所未聞的事情。特別是近百年來馬克思的理論靠著許多學者的研究與宣傳，這個理論以階級鬥爭在付出了無數的犧牲下不斷地試驗，在革命的原理與方法之間毫無矛盾地，在詳細的計畫成立之後，利用了第一次歐洲大戰推翻了俄羅斯帝政，之後在天才列寧作為指導者的指導之下，實踐了馬克思的理想。可說是第一線決戰主義的完美模範。

可是人智是虛幻的。即使做了如此的準備計畫，真正實作之後卻未如想像中的順利。

沒有做過詳細的研究，所以我也不是很清楚，可是各國若放任不管的話，或許革命就會以失敗收場了吧。至少在想像上是有這個可能的。或許可以看成資本主義列強的攻擊解救了列寧。資本主義國家的壓迫讓列寧有個所謂朝向「國防國家建設」的明確目標而掌握了人心。

當然「無產階級獨裁」可以煽動群眾是理所當然的。可是卻無法很容易地改善民眾的生活而遭致了幾次的大危機。而能夠渡過這個大危機的就是群眾對於「國難」的本能衝動。

馬克思主義的理論是配合從自由主義朝全體主義方向發展的主義，這特別適合人民生活文化水準較低的俄羅斯民族，不可否認這是造成蘇聯革命的因素之一，不過面對列強的壓迫與所有的困難矛盾，列寧、史達林果斷地做了隨機應變的處理，這兩人的政治能力是打造今日蘇聯的現實力量。這也可看做是在第一線決戰主義下浩浩蕩蕩地開始革命的建設，結果也變成了第二線決戰式的了。

納粹革命很明顯地是第二線決戰主義。希特勒的見識相當厲害。可是希特勒的直覺只是看準了革命的根本方向，而不是有詳細的計畫。在看準大目標的同時，在強制進行大建設的時候，老舊的矛盾就逐漸消解而有所進展。當然這不是一般的革命。納粹的確進行了一場革命，可是卻是在無嚴重的破壞，無大量的犧牲之下進行了重大的變革。整體上來說，納粹革命比起蘇聯革命可以說還要來的有效率。這是日本國民一定要看清的一點。

第二次歐洲大戰，特別是法國投降後的氣氛有些轉變，可是國民對於第一線決戰主義的憧憬還是非常強烈，相信蘇聯的革命性方式是正確的，許多的革新論者把納粹革命稱為一種反動的行為。這個想法今日仍然無法消除，變成動不動就把新體制運動停留在觀念性議論上的一個原因。若美日之間的關係不緊張的話，新體制的進展或許會很困難。

困難，大概是整合國民的最好方式。現在羅斯福把全體主義國家（＊德國）對西大陸的攻擊（雖然是不可能的）做為誘餌，企圖動員國民也是一個例子。林白上校說不用害怕德國會直接攻擊美國本土，這根本不可能發生，太過於重視於這件事實在很可笑。

應盡快廢除特權

在《世界最終戰爭論》中寫道方陣的指揮單位為大隊，橫隊為中隊，散兵為小隊，戰鬥群為分隊。理論上是這樣沒錯，而趨勢上也是沿著這條線發展而來，可是現實問題上卻沒那麼有規律。

橫隊戰術的實際指揮應該是以中隊長為重心。在橫隊中要大隊長發號施令使得大隊一齊前進後退幾乎可以說是不可能的。可是當時的單位仍以大隊為主，傭兵的性格上要求在大隊長極有力的號令下動作。

散兵戰的射擊是相當囉嗦的，其指揮也就是前進或射擊的號令在中隊可說是不可能的。

特別是散兵的間隔增大且隨著部隊的戰鬥正面擴大，這種傾向是會越來越明顯。所以散兵的指揮單位是為小隊，這樣說較為正確。可是在拿破崙時代，比起散兵，決定戰鬥結果的是在於縱隊突擊上，所以實際上指揮單位仍為大隊。比起橫隊戰術，縱隊戰術以大隊正確地發出指揮號令是可能的。但隨著散兵越受到重視，戰鬥的重點移往散兵的結果，連加入戰鬥的密集部隊也非密集的大隊而是變成了中隊。在〈近世戰爭進化景況一覽表〉的毛奇一欄中，散兵之下寫著「中隊縱隊」，以「中隊」做為指揮單位的就是在表示這前述的情況。

日俄戰爭當時已經逐漸進入散兵戰術的最後階段，是以小隊做為指揮的單位。然而在戰後的教練守則上，射擊、移動的指揮就回復到中隊長身上。其理由是依據日俄戰爭的經驗來看，以一年志願役的軍官在召集後要正確指揮小隊射擊到底還是很困難的。假使日本軍真的無法把散兵戰鬥交由小隊長指揮的話，那麼這就表示日本民族可說在散兵戰術的時代中已經是個落伍的人。當然沒這回事，所以這項改革可以看做是在表現出日本人神經質的一面。

更正確地說，仿效德國一年志願役制度的結果是不符合日本社會的現況。在歐洲大戰前的德國，進中學校念書的是右翼（保守階級）或是有產階級，也就是支配階級的子弟，並沒有小學畢業生轉入中學校的轉校制度，也就是說中學以上的畢業生每人都是特權階級，說難聽一點叫傲慢，說好聽一點叫剛健，努力鍛鍊自己成為一位領導者的同時，也不願意與平民出身的一般兵平起平坐。這裡一年志願役制度做為一種特權制度是相當地發達，且發揮了它的價值。相反地，明治維新以後的日本社會是一個真正四民平等的社會。還有最近自由主義思想對於受過高等教育的人有著強烈的影響力而相當輕視軍事方面的事情。在如此的情況之下，雖然說是中學以上畢業，但相對於一般兵服役二年、三年，僅僅在一年的服役期間就要培養出指揮官的能力也當然是不可能的一件事。

我聽說在這次事變初期，一年志願役出身的小隊長，特別是分隊長沒有掌握指揮的充份自信，有時候會在士兵的統御上欠缺妥當。這卻不是人的罪過，而是制度所造成的，這個經驗與從仿效德國的美夢中覺醒，自然造就了今日的幹部候補生制度（類似我國預官的制度）。我對於這種一改前非的結果感到無比地高興。

可是這卻很難說已做了徹底的改革。以學校教育的結束做為成為幹部候補生的資格條件，在我個人的主張上卻無法認同。「有文事者必有武備」是日本國民的義務。依靠著雙親，同輩的年輕人都已經活躍於職場上，在某期間一旦發生緊急的時候，知識青年為了要比一般青年還能夠發揮奉公的成果，應該精進武道也是理所應當的。在現今國防國家的時代，應該盡速去除可說是舊時代殘渣的如此特權。在沒進入中等以上學校的年輕人之中，在進步的青年學校教育之下而有優秀指揮能力的人也不在少數。還有軍隊教育應該拋棄平等教育，應該使各士兵發揮其天分，特別有必要使優秀人才的能力開發到最高點，必須依此來培養大量的指揮官。服役期間應該做最有利的活用；幹部候補生的特別教育是極有合理性的，但是隨便地任命軍官，這卻是讓我難以同意。而是應該以退伍當時的能力來掛階才是。

選拔軍官於部隊士兵

順便討論一下現役軍官的養成制度。

讓幼年學校學生或軍官候補生穿著特殊的軍服，士官候補生住在其他寢室而與士兵隔離，並讓當值的士兵處理生活起居等都是模仿貴族教育的遺風。必須要趕快拋棄這一切，要與士兵同甘共苦。身先士卒的風範應該是在與士兵共同生活的體驗當中培養出來的。

在任命軍官的時候會有個銓敘會議，這也是直接移植德國的制度。在德國是根據過去的歷史，軍官成員以軍官團來自行補充。後來隨著時勢的發展而不得不由軍官候補生的募集考試來採用！所以恐怕會有不受軍官團員歡迎，身分低微的人士入伍。我相信這是為了不要讓這些人入伍，而做為一種自衛手段才採用軍官團銓敘制度的。結果這在日本只不過是徒具形式的東西罷了。

而我更是徹底期望能夠建立幹部均從所有士兵之中晉用的制度。這樣就有適用於現役、在鄉軍人（後備軍人）的一貫制度了。

現在的社會是自由主義的時代（＊指政黨政治的時代》，幼年學校可說是陸軍最有意義的制度了。可是在往後的全體主義時代裡，國民教育、青年教育等所有的教育制度都應該要與陸軍的幼年學校同步才行。也就是說我們必須祈禱陸軍不感覺到幼年學校有所必要的時代要早日到來。這也可以說是國防國家完成的時代。到那時候志願從軍的所有人都可以服兵役，現役幹部志願者依照能力首先任命為下級軍官。為此，必要的學校當然也不排斥。從士官中適當地拔擢可以擔任軍官的人，把他們送進軍官學校後再任命為軍官。

空戰之花

今日在「面」的戰鬥中，指揮單位是為分隊。因此這個分隊在戰鬥中並不是所有分隊都同時進行單一的行動。一部分主要在射擊，一部分則較有利於在進行肉搏戰之前，為了避免不必要的傷害於是會利用地形做滲透的動作。教練守則上也同意將分隊一分為二，傾向於以「組」為單位。

從這趨勢上來看，在次世代「體」的戰法上，可以想像最後是以個人為單位。所謂「體」的戰法會是戰鬥方法的大躍進，將是戰鬥中心從地面上，特別是步兵的戰鬥轉移到空中戰鬥的革命。

空中戰的作戰目標當然是敵人的首都、工業地帶等處。而且可以判斷轟炸機將成為戰鬥武力的核心，飛機體積會越來越大，一方面因為其編隊戰術的進步與速度的增加，一時之間對於戰鬥機的趨勢抱持著懷疑的態度是相當的強烈。然而，依照中日戰爭爆發以來的經驗，已經證明了戰鬥機仍然是非常有價值。現在的飛機需要耗費大量的燃料，因為載油量的關係，戰鬥機的飛行半徑大大受到了限制，不過，只要將來靠著動力技術的革命，戰鬥機的飛行半徑也會跟著大躍進，雖然造成攻擊目標毀滅性打擊的是轟炸機，不過空中戰鬥的優劣左右著戰爭的命運，所以，或許戰鬥機在空中戰鬥中依然是佔有最重要地位的空戰之花吧。

應教育士兵戰術的知識

橫隊戰術的指導精神是當時的社會統制原理「專制」。專制君主的傭兵使得戰術停滯在橫隊戰術。下達號令的時候拔刀，敬禮的時候將刀拋向前方就是這個時代的遺風。無論從精神上還是實戰的必要上來說，我深切期望發號施令的時候拔出刀來的行為能夠盡快廢止。隨便地拔出刀來結果被敵人狙擊的例子還不少。這樣的話自然就沒有帶指揮刀的必要。我實在不太喜歡日本軍人把指揮刀插在腰間。

因為法國大革命而被正式採用的散兵戰術，其指導精神是法國大革命以來的社會指導原理「自由」。一反橫隊戰術的礙手礙腳，散兵行動自由可以發揮各單兵最大的能力。各單兵大多面向對己而來的敵人靈活地作戰。在部隊的指揮單位上，會盡可能地尊重各隊長的自由。大隊戰鬥的主旨在於「指定大隊的攻擊目標，使第一線中隊共同行動」。如此，大隊長盡可能地避免干涉。

戰鬥群的戰術形成後，形勢就更加變化。敵人就如散兵一樣，正面幾乎朝向我方的部隊並非要對抗我方。做廣闊分散的敵人為了互相掩護側邊而巧妙地構成火網，所以我方會在意想不到的地方遭到攻擊。就如散兵戰術一樣，讓正面幾乎朝向我方的敵人自由地攻擊的話，就會有陷入大混亂的危險。

因此不管願不願意，就有了「統制」的必要。也就是指揮官要清楚地決定自己的意志，並按照目的賦予各隊明確的任務，表明各隊之間共同的基準。而且要因應變化萬千的戰況，適時適切地決定意圖下達明確的命令才行。絕對不可自由放任。昭和十五年改正前的我國步兵教練守則上在大隊的指揮，有關於大隊長的指揮中描述「大隊戰鬥的主旨在於因應各種戰況，在大隊長正確且明快的指揮與各隊適切的相互協助之下完全地統合發揮大隊的戰鬥力。」（第四百八十）更指示：「……洞察戰況的變化，適時地賦予各隊新的任務……按照自己的意圖積極地指揮戰鬥」（第五百零四）

在執行這個統制的戰術上需要以下幾點。

1、優秀的指揮官以及輔佐指揮單位的設立。

2、正確且迅速傳遞命令、報告、通報的通信聯絡單位。

3、各部隊、各單兵獨自判斷的能力。

如第3所述，各隊的獨自判斷在統制的時代比起自由主義時代都要來的有必要。無論指揮官是多麼地優秀，狀況的千變萬化完全不是散兵戰術時代所能比較，沒有等待指揮官一一指示的時間，還有抓住意想不到的有利機會的可能性也較高。各單兵比起散兵正好有數十倍自由行動的空間。所以連單兵也必須了解戰術的基本含意。今日的訓練不單只是鍛鍊體力與精神力，能否增進士兵達到正確的理解是一個大問題。在我中、少尉的時代裡，戰術是被軍官們所獨佔的。第一次歐洲大戰後士官也被要求接受戰術教育，但今日連士兵也應該接受才是。

統制是為了賦予各單兵、各部隊明確的任務，更容易且可能使其行動更加自由，為了避免不必要的混亂而必須給予最小的限制。也就是統制必須是綜合開明專制與自由的高度之指導精神。

最近有不少人認為所謂的統制好像是退回專制，不少人認為暴力的、劃一的命令就是為統制主義。當眾人迷網，且事態緊急而無法給與思考的空間時就必須毫不猶豫地強制命令。除此之外，領導者應該深察眾人心之所向，掌握趨勢而確立方針，並且給予眾人明確的目標，使眾人理解感激後，再明確地分派各自的任務，允許較寬的自由裁量權使其達成任務，而使其感激並自主行動。若畏戰、遲疑、猶豫不決、消極而失去感激的話，就等於輸給了自由主義。

禁止私刑，保護弱者

當社會走向全體主義的革新時，軍隊有某些部分應該好好地做反省。軍隊是反對自由主義的。因此在自由主義時代完全與社會隔離。尤其對缺乏集體生活、社會生活經驗的日本國民而言，西洋式的軍隊生活是使人感到吃驚的生活變化。也就是被強迫接受完全不一樣的生活習慣，士兵失去各人的性格，變成軍隊強烈統制中的一個人。

陸軍的前輩對於這一個問題感到相當頭痛，明治四十一年十二月軍隊內務書做修改的時候，在其綱領中明示：「服從，是依靠下屬的忠實義務心與崇高德義心，依據感知軍紀必要的觀念，配合長官的正當命令，周到的監督，以及其感化力後順利達成該目的，出於衷心現於形體，於是甘願在槍林彈雨之間把生命託付給長官，一心服從其指揮。」這難道不是卓越的見識嗎？這掌握了全體主義社會統制之重要道德的服從真諦。可是直到現今，軍隊依然無法完全擺脫舊有的形態。現在，社會以超快的速度朝向全體主義邁進之中。青年學校，尤其是青少年義勇軍的生活已漸漸超越軍隊生活。社會逐漸接近於軍隊。軍隊在這個時代中要正確把握軍隊生活的意義，軍隊必須成為一個「國民生活訓練的道場」才是。

尤其軍隊內動用私刑是令人感到相當遺憾的。而且不能單只是形式上的防止。是必須依靠時代精神的覺醒，深切地領悟到為了全體主義保護弱者是如何重要的創新的道義心。東亞聯盟成立的基礎在於民族問題。民族和協是在尊敬人們、保護弱者的道義心之下而成立的。

在朝鮮、滿洲國、中國的日本的困境，都是缺乏道義心的結果。軍隊在正確的理解下消滅私刑，也是日本民族昭和維新確立新道德的根本課題。

第五章　以空戰為主體的戰爭

在下次的戰爭中，全體國民將受到戰火的洗禮

在火器的使用下產生新戰術的文藝復興時代是小邦林立的狀態，在平時就維持軍隊是相當困難的，當有紛爭的時候才雇用士兵，但是隨著國力增強，就漸漸開始保有常備傭兵軍團了。而士兵人數也漸漸增加，在傭兵時代晚期，腓特烈大帝在人口不到四百萬的國家就維持了十幾萬的常備大軍。因此財政負擔是相當沉重的。

到了法國大革命就要求更多的軍隊，貧窮的法國率先實行全民皆兵制度，於是歐洲各國開始紛紛仿效。最初兵員人數不多，可是因為國際情勢緊急，在軍事進步下兵力增加，到了第一次歐洲大戰所有健康男子都必須服兵役了。

第二次歐洲大戰中陸權國家蘇聯是局外人；法國也不再是過去的法國，而且陸地作戰已不像第一次歐洲大戰那樣大規模的關係，像第一次歐洲大戰的大規模部隊並未投入戰場，但各列強平時也都依狀況做好全體健康男子須執起槍桿的準備。

日本位在遠東地區的一個角落，需要對抗的陸軍武力只有靠著一條西伯利亞鐵路做長距離運輸的蘇聯軍隊而已，因此免除兵役的男子特別多。隨著蘇聯大增遠東的軍備、中日戰爭

的進展，士兵徵集人數急速爆增，逐漸走向全民皆兵。兵役法隨著局勢已做了根本上的改革了，但我認為應該要做更徹底的根本革新。

國家總動員的第一個著眼處就是把國民的力量做最合理且整合的運用。靠著教育的根本革新來使國民的能力做最高度的發揮，同時確立國民在一定期間內奉公的制度，也就是讓國民服公役。兵役是公役中最高度的。

有關使國民服兵役公役，在今日的徵兵檢查中還是無法將國民的能力做最合理的運用。要以統一合理化教育制度與檢查制度，綜合地調查智能、體力、專長等使其能夠發揮各人能力來決定奉公的方向。

戰時的動員要以所需兵力為基礎來召集所有適齡男子。在那個年齡內不從軍者就讓他們從事所有國家所需的工作。自由企業必須訂立一個適切且綿密的計劃來使其他年齡的所有人能夠負擔所有的工作。

在空軍發展之下，都市將遭到轟炸，而受到損害的不再只是軍人。全體健康男子都須從軍的今日，從既成的觀念來看是徹底的全民皆兵制度，可是社會已經進入了下一個世代。是已經開啟了全體國民捲入戰火中的大門了。

在下次的決戰戰爭中，作戰的目標不是軍隊而是國民，選擇攻擊敵國中心，也就是首都或是大都市、大工業地帶，這個在這次的英德戰爭中獲得了證明。

也就是真正徹底的全民皆兵。不僅男女老幼、山川草木、豬與雞等所有生物將會無區別地受到戰火的洗禮。全體國民對於這樣的慘況必須要毅然地以鐵石般的精神來承受忍耐。

在以空戰為主體的這場戰爭中，可能不像地面戰一樣，需要龐大的兵力來攻擊敵人軍隊。在地面作戰上，為了要獲得無數的兵員，在全民皆兵的制度下任何人都強迫入伍，可是往後的戰爭中或許會變成只有少數適合的人們會以義勇軍的身分被徵召吧。像義大利的黑衫軍與希特勒的突擊隊可說是顯示了這樣的走向。

所謂的義勇軍並非到今日為止被雇用的傭兵的別名。當所有的國民受到統制性的訓練，全部服於公役，更充滿奉公精神，真正滴水不露舉國一致的時候；負責武力戰的軍人是你我共同認可的真正適任者，應成為從所謂義務的消極觀念到所謂義勇的這個更積極的、自發的高尚之人。

不要被現狀所束縛，要預見將來

在腓特烈大帝的時代，兵力雖然很多但實際投入作戰卻是令人意外地變得很少，該作戰依據「會戰序列」而編成。因為那是在主帥的統一領導下移動作戰，就如同現今的師團。

在拿破崙時代軍隊的單位是以師團為編制，接著出現的是軍團，於是就把軍團編制於軍隊中。

拿破崙動用的最大兵力（約四十五萬）的一八一二年遠征俄羅斯時的作戰，根本上著眼於盡可能地在國境附近進行決戰，避免把自己帶進深入不毛之地的不利狀態。這是根據一八〇六年—〇七年波蘭以及東普魯士作戰時的痛苦經驗，做了當時能夠做到的準備。

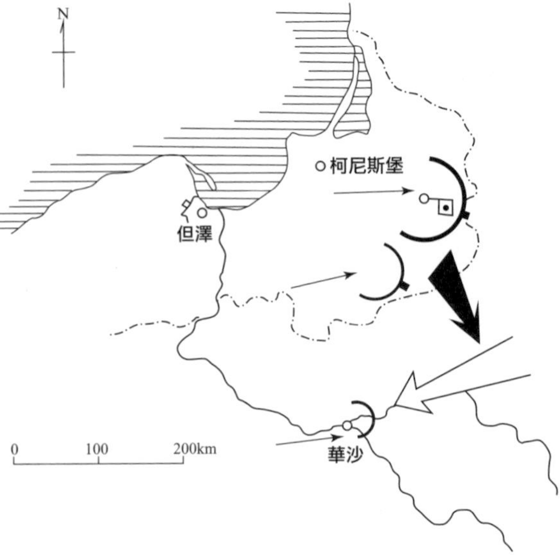

拿破崙用的是以一部分的兵力朝向華沙，並在這個俄羅斯所垂涎的地方牽制俄軍，再以位在東普魯士的主力部隊突擊敵軍側背來一舉殲滅所有敵軍，然後強制談和的方針。拿破崙把主力部隊分做兩個集團，並親自指揮最左翼的大集團，同時也是全軍的指揮官。

從現今的常識上來看，拿破崙把部隊編制為三個軍團並由自己統一指揮是理所當然的事。但是用當時的通信聯絡方式要統一運用這三個軍團是相當困難的吧。所以可以想像的是即使是拿破崙也無法一舉跳脫出當時

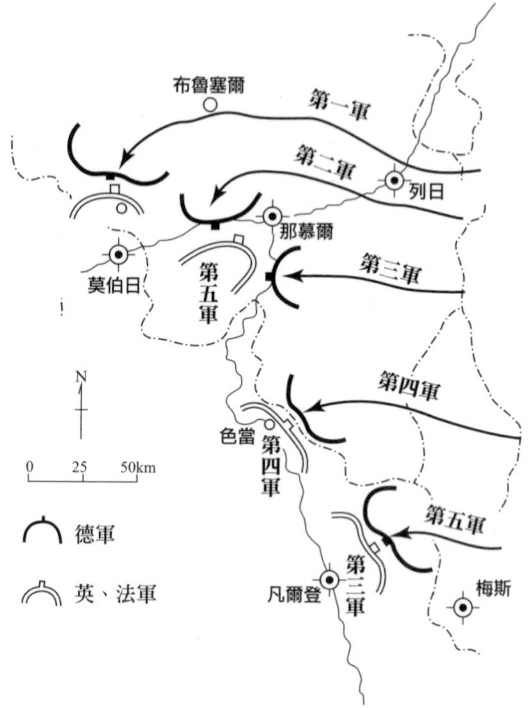

的規律。無論如何，雖然拿破崙把部隊分為三個軍團，但實際上卻無法充分地統一運用，這是拿破崙在國境地區失去幾次好機會的一個主要原因，也可說在統一運用上，國家軍隊的編制並非是合理性的。

在老毛奇時代國家軍隊已編制為數個軍團，且在參謀本部的統一指揮之下。雖然施里芬增加了國家軍隊數量與徹底地使用殲滅戰略，可是國家軍隊的仍然墨守老毛奇時代的編制，歐洲大戰爆發初期，在國境的會戰之中犯下了一八一二年拿破崙所犯的同樣錯誤，這是令人感到相當有趣的。

德軍第五軍團做為迴旋軸轉向柏林，第四軍連絡第五軍來突擊法國第四軍，第一至第三軍做為德主力軍的運動翼，採取了包圍殲滅法國第五軍及英軍的態勢。

若第一至第三軍由一位指揮官來統一運用的話，或許國境會戰會獲得更徹底的勝利，法國第五軍、至少能殲滅英軍也說不定。這樣的話在馬恩河會戰就會獲得更有利的形勢了。然而德軍參謀本部卻未進入戰場直接統一指揮三軍，只是臨時以第二軍司令官來指揮三個軍。第二軍司令官比洛雖然是位經驗老到，深受皇帝信任的儒將，可是卻欠缺機略，與士氣高昂的第一軍意見不合，因自頭至尾採取安全第一主義的關係，作戰的時候讓三軍之間的距離過於接近，最後錯失時機而無法殲滅敵人。

針對拿破崙一八一二年的軍隊編制與運作方面做過深刻研究的德軍參謀本部在一九一四年犯了同樣的錯誤。一八一二年對拿破崙來說，做三軍的編制並設置統一司令部可以說是很勉強的，可是一九一四年應該正確地設置右翼三軍的統一司令部，萬一沒有設置的時候，參謀本部應該自己到第一線，在最重要的時刻直接統一指揮三軍才是。

隨著戰爭的進展，在迫切需要的時候會編制集團軍，若德國在會戰前把第一至第三軍編制成集團軍的話，或許會帶給戰爭相當大的影響也說不定。這例子表示擁有不被現狀所束縛，預見未來的見識是不容易的，同時深切地教導我們應該要尊重這樣的見識。

第六章　未來戰爭的預想

下個戰爭是世界最終戰爭

我曾經在中央幼年學校裡學習基礎的解析幾何。連很討厭數學的我也覺得很有趣而下了苦功。我曾聽掛江教官說過相當有趣的話：「在二次元的世界；也就是住在平面的生物前面畫上一條線的話就會牽制其行動，可是三次元的世界，也就是住在體的我們不會被線所阻礙，但是如果被放入面且密封的空間中就會完全地被監禁。而住在四次元世界的生物，用我們這種像牢房的東西是無法困住他們的。」

在鎌倉接受游泳訓練的時候，宿舍是光明寺，我們生活起居是在本堂。一名五、六歲的少女獨自一人借宿在十六羅漢的後面，這名少女相當聰明伶俐，這令學生們感到相當驚訝。某一天晚上，一群豪傑（當然我沒參加）在熄燈後到海岸散步直到很晚，回來後吃了剩飯。這時突然響起一陣聲音，一道光芒照進了本堂。就連這群豪傑也嚇破了膽子而趴到了地上。這時候豪傑中的豪傑，這次在中日戰爭中光榮戰死的石川登，很惶恐地把頭抬起來一看，看到一位女性走進了本堂裡面。根據石川的說法：「連柱子、蚊帳，就這樣直接穿過去了。」在裡面睡覺的少女哭了起來。某個人跑去看到底怎麼回事的時候，少女說：「有個沒看過的阿姨跑來抱我，我才哭的……」，之後，就怎麼樣也不肯一個人在本堂睡覺。那名少女沒有雙親，只知道母親住在淺草附近而已，我們在討論恐怕少女的母親已經過世了吧。

詳細問了一下石川的體驗後，覺得掛江教官所說住在四次元空間的東西，似乎可以用幽靈來解釋。宗教的靈界物語應該也是相同的吧。

可是我們一般人是無法想像體以上的事物。體的戰法是人類戰鬥的極致。雖然今日的戰法依然是面的戰法，但已經漸漸移往體的戰法了。

而指揮單位從分隊走向小組，接著就是個人。

軍人以外的就是非戰鬥人員，這樣到昨日為止的常識，將在都市大轟炸之下完全被打破。第一次歐洲大戰中所有健康的男子都從軍了，但現在則是全體國民都會捲入戰爭的漩渦之中。

在第二次歐洲大戰中，連德法兩強之間也進行了決戰戰爭，但如前述這是兩國戰力相當懸殊的關係，照現在的晴況來看依然會形成持久戰爭的機率相當高。也就是一國動員所有健康男子的話，就可以全面防禦該國的國境，就可避免敵人的迂迴攻擊。就算以大砲、坦克、飛機的總合威力，也很難突破裝備精良，決心抗戰的敵人正面防線。

無論如何，在下次的決戰戰爭中，空戰都將會成為真正的戰鬥主體，當能夠一舉給予敵國中心致命的打擊時，將是實現下次決戰戰爭的時候。

體的戰法，即使從全體國民投入戰場來看，下次的決戰戰爭肯定是空戰。可是體以上的事物不是我們所能理解的，而說到以個人為單位全體國民皆參與的話，這就是徹底傾注國民的全體力量。也就是下次的決戰戰爭，戰爭形態將發展達到最高極致，這意味著戰爭的終點。

下次的決戰戰爭是世界最終戰爭，是真正的世界戰爭。過去把歐洲大戰稱做世界大戰並不適當。在無意識之中模仿起西洋人的獨斷之人是無法判斷戰爭之趨勢、世界歷史之趨勢的。

聯合國家是歷史的趨勢

所謂戰爭的終結就是國家之間不再對立，也就是意謂著世界的統合。最終戰爭即為世界統合的序曲。

在第一次歐洲大戰爆發的契機下，軍事上的發展到了令人驚嘆的地步，特別是德國以及蘇聯的全體主義國防建設已逐漸朝向列強所謂的國防國家體制急速邁進。全體主義以超高速增強國力為目標，從「自由」往「統制」的方向躍進。

為了要徹底發揮所有的國力，則必須要有極度的緊張。全體主義宛如運動選手的集訓鍛錬主義，是在決勝賽之前必須活用的方式。

佔有一處根據地的戰力在可以打破抵抗的範圍內，會自然而然地帶來政治上的統一，因此，武力的發展會整合眾多小國家而往大國家發展。歐洲大戰後，軍事以及一般文明的大躍進沒有給予等待國家合併的充分時間，而且以力量的急速擴大做為生存的根本條件，結果看到了從國家主義時代到國家聯合時代的發展，現今的世界已逐漸發展為四個大集團，這已成為世人的常識了。

昭和十六年一月十四日公布內閣會議決定時，其中有「不允許有違反建國精神，侵犯皇國主權之危險的國家聯合理論等」的內容。興亞院對此解釋道，這並不是在否定國家聯合理論，而是不允許有違反建國精神、侵犯皇國主權之危險的東西。若是有否定國家聯合理論這檔事的話，那麼這就是在違反人類歷史的潮流，皇國很明顯地變成世界的落伍者是在所難免的。興亞院所說的話是理所當然的。可是內閣會議決定的內容卻是有令人引起大大誤解的危險，這實在是令人感到相當地遺憾。

基於人類文化的目標，即八紘一宇的理想，在政治上，全世界會以天皇為中心而成為一個國家，這是不容許懷疑。可是在到達之前總會不斷發生新的發展。逐漸進入聯合國家的世界，會在第二次歐洲戰爭之下加快其速度，且馬上就會出現幾個明確的集團了。這些集團中，盡可能地做嚴格統制的集團由於可以完全發揮其力量的關係，所以希望能夠強化統制，可是相反地，因為民族情感或是國家利害等關係，因此阻止統制強化的作用依然很強烈。但最後各集團會因應狀況，該冷靜的時候就冷靜，而且會不斷地朝向強化統制的方向前進。可以合理地、不勉強地朝向強化統制方向進展的集團將會取得成為勝者的資格。

各集團會如右述般發展並各集團之間會出現集散離合的現象，然後集團數量會減少，大概會分為兩個勢力。可以想像，在形成兩集團之前會在決戰戰爭之下進入世界統合的第一階段。到兩勢力形成為止的階段是人類歷史的現階段，從戰爭來看的話就是第一次歐洲戰爭以來的持久戰爭的時代。雖說是持久戰爭，但還是有局部的決戰戰爭來促進集團的形成，不過武力的活動範圍仍然有很多的限制，因此自然會形成數個集團。在這個含意上，現在可說是人類的準決賽時代，這個時代末期的世界當形成兩個勢力時，就是進入下個決戰戰爭的時代，接著爆發最終戰爭。

日本人比起西洋人更是霸道主義者

雖然拉丁美洲各國在人種上、經濟上與歐洲大陸的關係友善，比起美利堅合眾國都要來得好，可是第一次歐洲大戰以後急速地朝成立美洲聯合的的方向前進，這現象是歷史的必然性。德國在天才希特勒的指導下，在戰爭中致力於歐洲聯盟的結成，在恩威並用的適當方策下獲得了光輝的成果。蘇聯有著最佳聯合國家的成果，雖然現在其國名稱做聯邦，但可以看得出來已形成一個大國。日本雖然靠著創造聯合國家的實力來排除歐美霸道主義，同時已朝向形成一個集團的方向前進，可是我東亞現在是處於最不完全的狀態。但在不遠的將來解決中日戰爭之後，必定會快速實現東亞的大同世界。現在的中日戰爭就是這個陣痛期。

這些不完全的四個集團已大致分為民主主義陣營與軸心陣營兩個單位，而蘇聯則巧妙地游移在兩單位之間準備坐收漁翁之利，但將來會朝甚麼樣的方向前進呢？

雖說今日分為民主主義與全體主義兩大陣營，但這些並不是以意識型態來區分的。事實上，民主主義的英美兩國把全體主義的中國拉進己方陣營之中，而且對全體主義的急先鋒蘇聯頻送秋波。比起意識型態，利害關係乃至地理上的關係還是主要的區分標準。可是當文明進步時，我想最後世界還是會以意識型態為中心而一分為二。

從這觀點來看的話，我相信到最後會是王霸兩文明的紛爭。我們東洋人在科學文明落後，過去以來都過著比西洋人還要安逸的生活。可是相反地卻常順從著天意來過生活。東洋人並沒有捨棄上古時代的宗教生活。雖然西洋崇尚力量，但我們所守護的是為道。在政治上我們以德治為理想，相反地他們重視法治。道與力是於人生的兩大要素，沒有人不重視的。問題在於重視的程度。在於何為主，何為從。或許現在的日本人認為這兩者之間的差距並不是特別的重要。可是這差距卻是個大問題。現在的日本人學習西洋文明，都主張霸道主義，或者比西洋人還要為霸道主義。你們看；這些人不是毫不掩飾地高談闊論說：「我們需要石油，所以要奪取荷屬印尼。」就算是西洋人至少現在還會稍微做一下表面的修飾。日本人一時之間，無論是內心還是外表全都變成了西洋風。雖然最近所謂的日本主義相當盛行而外表已經回復到日本風了，可是他們大部分的內心依然是西洋的霸道主義者。一邊高喊著八紘一宇的口號一邊卻強奪弱者的權利，很霸道地強調自己是領導者。這個霸道主義到底如何妨礙東亞的情勢穩定？我們必須要靜待觀察才是。

日本人受中國人輕蔑的非道義

關於甲午戰爭當時，克里斯提在《奉天三十年》一書中提到：「若是所有的日本人都是軍人的話，人們都會為他們的離開而感到惋惜吧。可是之中卻還有其他不屬於軍職的人。跟著軍隊而來的有雜役、搬運工等，還有很多最雜亂的無賴漢，中國人用著輕蔑且混雜著害怕的眼光來看待這些人。……這些人沒有像士兵一樣受到嚴格規律的控制。」軍隊從上到下看起來似乎是道義的。然而有關日俄戰爭的描述，書中寫道：「在這之前的戰爭中，日本人被稱讚為正義與仁慈之師，不做所有的放浪行為。現在是戰士們與滿洲的農民永結友好的大好機會。遭受到一次又一次戰亂迫害的這些農民們把日本人當作兄弟、救世主一樣地熱心歡迎著。如此便可開拓出一條永久領有這國土的道路了。而且有眾多的人如此期盼著。然而無論日本的領導者與高官所追求的目標到底為何，與一般士兵一起來到滿洲的一般民眾並沒有如此見識的能力。……就這樣一般人的心目中有增加對於日本人悲憤的厭惡感、對於他們動機的猜疑、不喜與他們共事的傾向，且一發不可收拾。要根絕這些情感是很困難的事」。

在日俄戰爭中某部分的士兵有非道義的傾向。這次的事變到底如何？壞人是不是僅止於一般日本人與士兵呢？聽說有華北的老人感嘆著說：「義和團事變當時的日本軍與現在的日本軍實在是變太多了。」若是我軍至少能夠遵守在義和團事變當時的道義的話，那麼現在蔣介石早已屈服在我軍戰力之下了吧。蔣介石能夠抵抗的根本原因就是在於利用一部分日本人的非道義來煽動中國民眾同仇敵愾之心。我相信〈告誡派遣軍將士〉、〈戰陣訓〉的重大意義就在這裡。

受中國人稱讚的日本軍人

有關於義和團事變當時的皇軍是如何遵守道義的呢？北京的東亞新報二月六、七、八日這兩三天的版面上有以「柴大人的善政、流傳於北城的逸話」為題，現在仍刊載著的枕邊故事。我大概列舉幾則故事來做為參考。

（一）、「千佛寺胡同，這北京的北城邊正是令我們日本人值得驕傲的地方。

光緒二十六年，也就是明治三十三年七月二十一日是各國聯軍進入北京城的日子。日本軍從朝陽門排除了守備兵的抵抗後首先進入了城內，並在順天府內設置了警務所，當時公使館派駐武官柴五郎上校擔任了警務長。

柴上校就是後來的柴上將，上將恩威並用施行善政，讓全體北京城的人們相當感激。

柴警務長首先將安民公署的分署分設在東西北八胡同與西四牌樓北報子胡同兩個地方，並發出佈告說：

「軍人不得擅進民宅搜查，若有違反者，住民可詳記其面貌等再予以告發。」然後再讓清刑部郎中端華如等人處理。

當時的北京，各國軍隊分別駐紮在固定的區域內，不過日本軍駐紮的北城區域最為平靜且住民安居，俄羅斯、法國、英國等國的駐紮區域內，士兵相當殘暴，陸續出現吊死、投井、燒死的人，從這些區域逃出來的難民每個人都爭先恐後地跑到日本軍駐紮的北城區域來避難。因為跑來這些難民的關係，當時原本相當寂靜的鼓樓大街突然變成了繁華的街道。

所謂的善政當在比較的時候就可以清楚知道它真正的價值。與西歐軍隊野獸般的行為相比較下，皇軍充滿仁愛的軍紀與設施，再也沒有比義和團事變各國的軍隊在決定各國的警戒區域的當時，還更能發揮其真正價值的時候了。

這時候敬愛日本軍的北京民眾，其情感在這之後成為日俄戰爭中使清國親日的最強的原動力。」

(二)、「這裡是鼓樓東大街的北邊。在日本軍的善政下復甦的街道。

根據橋川時雄先生的調查，當時柴大人的仁政到現在老一輩的人都還相當感激。大人在擔任警務長後就立刻打開糧倉，然後把儲米廉價出售，所謂解除『糧荒』的危機。其他現在還活著的老人們所流傳有關於柴上將的逸話有以下幾則。

老人說故事　其一

當時叫柴五郎的不是日本人。是出身於滿洲旗人，是之後歸化日本籍的。也就是說當時到處謠傳柴大人施行仁政是回到故鄉，愛護故鄉的關係。這些故事有一半應該是當時感恩於心的居民們加入自己的想像後所說出來的傳言吧，但卻被當作事實般宣傳。

老人說故事　其二

柴大人去職要回日本的那一天可真是不得了。那天早上天還沒亮就開始有人跑來柴公館來送餞別的禮物。這些人大多是窮民或苦力，大家手中都拿著乾雞等禮物並且非常不捨柴大人的離去。當時的情景至今仍是歷歷在目啊。

老人說故事　其三

柴大人在當時可是相當威嚴，也被編成流行歌到處傳頌。過了二十年多後，在這北城一帶，小孩子如果惡作劇的話，那些母親們就會說『柴大人來了』來嚇唬他們。

這三則口傳故事是橋川先生訪問聽來的，不過用這些故事來感念柴大人的威德應該相當足夠了。」

(三)、「這時候探訪寶鈔胡同的柴大人掌握民心的偉大事蹟，應該有特別深遠的意義。

滿洲人敦厚的『都門紀變三十首絕句』似乎是在稱讚拳匪之亂，不過其中的第七首『肅府』這麼寫著：

桐葉分封二百餘，蒼蒼陰護久松居

無端被燬渾閒事，同病應憐道士徐

這首詩中寫道的道士徐就是在描述徐福撫慰苦於戰亂的民眾，所以被解釋為在讚許柴大人的仁政。這首詩中寫道『安民處處巧安排，告示輝煌總姓柴』，歌頌著柴警務長以告示安定民心的事蹟。在《拳匪紀略》中寫道：

『日本軍佔領了北城，市民知道外國軍隊進入北京城是在二十三日。於是土匪趁亂打劫了數百棟的民家，但是北城邊卻安穩無事。因為這裡是被日本軍隊所佔領，所以北城的民眾都受到日本軍隊的保護。』還有詩集《驢背集裡》：『因為日本軍入城，皇宮受到了保護，留在宮中來不及逃跑的數千人，日本軍送了食物給他們。因為光緒帝與慈禧太后西巡而去，因此只剩惠妃（同治帝的嬪妃）留在宮中守護著國璽，惠妃派使者向柴大人表達謝意，並在柴大人的指示下做了宮中的善後措施。』以上等美談。

當時日本軍恩威並用的事蹟，在四十年後的今天竟還能夠從耆老們口中聽到，能在文獻中讀到。與英法殘暴的行徑相比，難道不是正與邪的區分嗎？」……

以上是東亞新報所刊載的紀事。

世界最終戰爭的戰場在太平洋

明治維新之後，薩長兩藩居維新之功，也就是所謂造成藩閥跋扈，這是招致政黨政治的一大因素，而當政黨一獲得權力之後立刻變得相當跋扈；很短的期間內就失去了國民的信任。今日，軍方被稱為政治的推動力。若不自我約束的話恐怕會成為國民怨恨的對象。觀看汩本史，可得知日本民族一般不見得會遵守道義。當國體不明確的時候，日本人也會成為比西洋人更超過的霸道實行者。戰國時代的外交，可說是有著比起今日的蘇聯外交有過之而無不及的權謀、謀略的歷史。但是我國體所命之道是為道義治國，在八紘一宇的理想下，以道義完成世界統合。

美國統合美洲，德國的歐洲聯盟及蘇聯的統一全都是以權力為中心的霸道主義。真是可悲啊，連在我日本關於東亞大同，權力的信仰者也就是霸道主義在當下卻佔有壓倒性的地位。反對東亞聯盟論的就是這種表現。可是東亞聯盟論的急速進展卻是國民急速覺醒於皇道的佐證。

權力的手段是極端的、短效的。可是權力會敗於權力。最後以道的結合才是權力之上的力量。這是不需要再做討論的。天皇所期望的就是這個。我們必須以東方道義做為東亞大同的根基，不管有多少令人不堪的歷史事實，王道是東亞各民族數千年來共同的憧憬。我們要遵奉天皇之心，信仰天皇之心，完成東亞之大同，對抗西洋霸道主義並制伏霸道主義，然後實現八紘一宇的理想。

最後世界最終戰爭是王、霸兩文明的決勝戰，東亞與西洋的決勝戰。從這點來看，我相信最終戰爭的中心將會在太平洋。

當然我們是以道義為中心，可是也不可輕視權力。雖然西洋人也不輕視道義，但霸道主義者要真正信奉道義是非常困難的，然而我們要獲得權力卻非難事。一方面，使東方道義快速覺醒的同時，一方面加速攝取西洋科學文明，必須為最終戰爭做好必勝的準備才行。

就連在日本，比起道義，以權力、物質為中心的時代非常多。霸道是為動物的本能，人類之所以為萬物之靈，就是因為對於王道的追求、憧憬。往後人類還是會不斷地反覆暴露出本能吧。可是大道是朝向人類的王道邁進。當信任於王道的時候，人類將知道打從心底，由衷地感謝天皇的存在，朝堅定的信仰前進，真正的和平就會到來。然後日本民族的正確行動、積極的執行力將會安定人類對於道義的信任。

「日本應研發原子彈」

近來科學文明的急速進步讓世界的距離更接近，在不久的將來，全世界會區分為王道、霸道文明兩個集團，而那一天正慢慢地接近當中。

而這兩個集團為了要進行走向世界統合的最終戰爭而必須要有適合的決戰武器。若冷靜地觀察一下趨勢的話，會發現世界劃分與決戰武器的出現，其步調是一致進行的。這是當然的。這兩者之間是在文化上有著最密切的關係存在。也就是武器的發展會自然地使人類的政治集團範圍擴大，當世界劃分的政治型態出現的時候就是能使兩集團進行決戰的武器被研發出來的時候。

在準備這次的最終戰爭上

1、創造世界最優秀的決戰武器。

2、完整的防空對策。

以這兩點最為重要。在這個徹底的決戰戰爭中；武力將會瞬間決定所有的結果。

今日德國，看起來獲得了制空權，可是多數的船隻仍然可以進出英國的港口。在船隻的破壞上，飛機似乎比不上潛艇的破壞力。英吉利海峽的制海權看起來難以落入德國的手中。而造成如此結果的第一個原因就是飛機的滯空時間過短。還有就算日夜轟炸倫敦市街卻仍是難以屈服倫敦市民的抵抗意志。可見今日炸彈的威力還是不足夠的。

連僅隔著英吉利海峽的決戰戰爭都幾乎不可能發生，隔著太平洋的決戰戰爭就宛如一場夢一樣，可是令人驚嘆的科學發明不是逐漸出現成果了嗎？靠著原子核的碰撞所產生巨大的能量，若能巧妙地應用在人類身上的話會出現甚麼樣的結果？靠著這個巨大的能量，航空器就可以長時間且以極快的速度飛行於天空，世界的空間就會變得更加狹小了。或許也會做出怪力光線甚麼的東西出來也說不定。無論如何世界一分為二的時候，一定會發明出今日無法想像的決戰武器，這絕對是無庸置疑的。

現在主要是量的時代。可是，明日就是以質為主的時代。比敵人早先一步開發革命性創新之最終戰用決戰武器是成為最終戰勝利者的第一條件。

科學文明較為落後的東亞為了要能在短短的幾年問超越西洋霸道主義者，這個想像中的革命性武器出現的可能性對著我們照進了一道曙光。國策的重點之一就是必須以這個科學的發明與集其大成為目標。為此有必要獎勵發明與設置大型研究機關。

用官僚式的方法來獎勵發明是絕對很難達成目標的。若是真正擁有優越天才般直覺能力的人，然後國家能以這個人物為核心，萬事都交由該人負責來獎勵發明的話，就算是國家性的事業也無所謂。可是這幾乎是不可能的。因此我建議活用資本家，特別是現金。國家應首先停止國防獻金等制度。在自由主義時代裡為了要籌措不足的軍費而不得不獎勵國防獻金。而且不能否認，自發性的國防獻金有徹底加強國防思想的效果。可是現在，像國防這樣的最高國家事業應該全部靠稅收來支撐。現在，軍費再也不是問題而是由國家的生產力決定一切。國防獻金也一樣，早已不成問題（但撫卹事業，我希望能靠地方的愛心捐獻）。

將資產家的資金從捐獻的牢梏中解放出來，讓他們盡全力培養發明家與幫助發明家。而國家機關要判斷發明的價值後發放獎勵金給發明者，用勳章、勳位、爵位等恩賞來表彰援助者。在一體統制主義的今日，國家的恩賞若偏重於官吏方面的話不是好事。恩賞要符合今日的國情做根本的改革才行。信賞必罰是國家興隆的象徵。

發明應該不只限於日本國內、東亞的範圍內，要尋找全世界的天才才對。

可是在科學顯著進步的今日，光靠發明的獎勵是不足夠的。國家應該要傾全力設立世界無比的大規模研究機關，發揮總合性的力量才對。在天才發明家與資金的援助下已有所成果的發明，要適時地把這個發明移至該研究機關（要不要聘用發明家完全看情況而定），靠著眾多學者合作的力量來快速發展發明的成果。

必須要加強研究機關、大學、大型工廠之間的連結。像現在這樣各自各做自己的研究，是科學後進國家日本最應該抱持戒心的地方。

我們必須在全體國民的意念與對天才的尊重（現在天才型的人物受到官僚威權的壓迫，官僚凡事唱反調，天才人物就這樣快要被葬送掉了），研究機關的組織化之下盡快研發出世界第一的新武器、新機器才行。

由空中而來的敵人

接著是防空對策。無論如何最終戰爭是以空戰為中心，一舉襲擊敵國中心的關係，在整備完美破壞武器的同時，防空上也要有充分的對策。

但是要面對恐怖的破壞力，完全的防空能力是不可能的事。或許各國會談論要逐漸將主要部分藏匿在地底深處等方法，但恐怕還是趕不上攻擊威力的發展速度。若是太過於消極的防衛手段的話，在積極的生產力、國力的增強上會受到阻礙。關於防空對策方面最重要的是要有專家長遠的眼光。

我過去主張最終戰爭大概會在往後的三十年內左右發生。當然，這只不過是個想像的時間。可是從戰爭變化的速度來推論，也不能說完全沒有根據。因此我在《世界最終戰論》中主張，應該要以二十年為目標來強制施行防空的基本對策。

至少在最小範圍的必要領域內盡所有的努力來做到完全的防空。但到底是要在多小的範圍內，這是一個重大的問題。是有必要做最仔細的觀察。

而其他領域則盡可能地做分散配置。因此在《最終戰論》中所提案的是：

第一，大幅縮小政府的權力。統制國家中當然需要強而有力的政府。可是強而有力並不等於權力的擴大。確實且迅速地決定最有必要的事情，使各機關能夠順利執行才是最重要的事。如今所有的狀況都要用政府的權力來統制，這樣不只不符合統制的原則，也不適合我國的民族性。適合人民生活文化低落的俄羅斯人的方式不見得就適合我國國民。從這觀點上來看，我相信現在的政府是有大幅縮小其權力的可能。政府權力的擴大就是人口集中的一個要因。

第二，是教育制度的根本革新。日本明治維新之後的快速發展是建立在振興教育上，可是造成今日社會不穩定，社會固陋最有力的原因就是自由主義教育的關係。教育不是依據子弟們的能力，而是按照家長們的財力來實施的。這樣的教育使人脫離現實生活，只會教出高談闊論的人，這種人會很軟弱，不會受到鍛鍊，沒有勇氣，不想勞動。而且接受這種教育的人，其數量完全沒有考慮到要與國家所需人才數量做配合。自然地在不景氣的時期知識分子的失業率就會升高。總合所有方面來看，並不符合在集訓主義時代中最高度發揮全體國民總合能力的主旨。要全部廢除中等以上的學校，要讓全體國民都加入相當於今日青少年義勇軍的訓練，在這之中，讓適合的人接受高等的教育，合理地分配國民的職業，教育與實務上有必要做完全的配合。如此一來，都市的教育設施除了國民學校之外，很自然地就能夠全部往外移了。這樣都市的人口就會大幅減少了。

第三，將工業分散於地方。特別是要把最重要的軍事工業適當地分散於全國各地。且在完整的國土計畫下決定如何分配。大河內正敏先生的農村工業若能徹底實行這種方法的話，對於日本工業是有著相當深遠的意義，同時在農村的革新上，會帶來光明的前途。首先要從今天開始，國家把計畫性的統制實施於建設的工業之中。

用以上的方法大幅縮減都市人口的數量，而且把重要的政治中心，經濟中心徹底改造為防空都市。各地方一旦發生危機的時候，必須實施能夠獨立運作且能夠做國民生活指導的必要措施。

只要果斷執行右述的大工程，我想就可以自然而然地展開昭和維新了。原本大改革是在形勢的逼迫之下自然形成的。這與軍事革命的當時，是在軍人毫無自覺的情況下發生是一樣的道理。在那裡則自然付出慘烈的犧牲。然而蘇聯革命卻與過去的歷史完全不同，是在馬克思約一百年來研究立案的計畫下斷然進行的。全世界的人類直至今日仍然感受到其魅力。特別是在遠離戰亂中心的日本更是如此。就連自稱日本主義者的心目中也幾乎對於馬克思流的理論計畫先行的方式感到其絕對性的魅力。

希特勒的納粹革命剛好取兩者之中道。靠著他那天才般的直覺來確立大方針，為了達成其目的而巧妙地利用迫切的現實來勇猛果敢地朝建設事業邁進。自然地在這其中發現方法，然後再果斷地訂正、改善。在這之後，學者們才建立出理論來。

完全沒有任何組織性準備的日本昭和維新絕不能靠著馬克思的方式。不，即使想做也沒有計畫。無論願意與否都必須用希特勒那種先實行的方式才行。為此能讓萬人接受的建設目標是最為重要的。今日，美日戰爭的危機讓國民痛切地體會到防空的絕對必要性。

在今日，如右述般只不過是在一年前所想像的大計畫，也已成為值得令國民所期盼的昭和維新最佳原動力的其中之一了。

第七章　現今我國的國防

東亞聯盟的理念

目前的國策就是必須早日實現東亞各國之大同世界，然後再總合運用大同之力量做好世界最終戰爭的準備。而相當於明治維新廢藩置縣的政治目標就是「東亞大同」。

「東亞大同」要盡可能在最大的範圍內加強協同，若是可能的話，能夠一體化是最為理想的，可是這沒那麼容易。其範圍即使稱之為大亞洲，這也只不過是個空想、理想而已。所以必須尋求的是我們（包括我國及友邦）的實力能夠抑制歐美霸道主義暴力的範圍。東亞聯盟的現實性就是在這裡。之後，範圍會在東亞各民族在充分理解時代的精神之下，並且在我們實力的增強之下而擴大。協同的方式也要從最初的寬鬆到逐漸強化。也就是說將來會從國家主義全盛時代所說的善鄰、友邦開始，然後成為東亞聯盟，接著再成為東亞聯邦；最後一體化而進化為一個東亞大國。

東亞聯盟是一種超國家思想。最近也有人議論，在各國之上設立一個統制機關，然後以該機關的權力統制指揮聯盟各國是不可能的事情等等。像這樣的言論是不知道大勢所趨的舊思維。只需一個國家即可與世界趨勢為伍而同步的時代已經過去。問題是如何統制多個國家、多個民族來發揮聯盟的實力。因此才必須盡可能地強化統制。

日滿兩國之間，因為其歷史關係，所以實施了相當強的統制程度。有人認為兩國已經超脫了聯盟的領域，已經成為聯邦，在某些特點上也可稱為一個大型國家。可是中日兩國正在進行東亞前所未有的大戰。即使很幸運地在不久後談和，但要兩國立刻打從心底協同合作是很困難。勉強是不可行的，強化統制必須隨著理解的增進才行。從一開始就超出善鄰友好的範圍並不適當。霸道主義者以力量，首先用條約規定兩國的權利乃至於義務，相反地我們王道主義者最重要的是首先要理解雙方的內心。法的問題應該在雙方理解之後進行才是。因此今日的「東亞聯盟」論幾乎沒有談到統制機關的設立。

可是這也絕對不是理想狀態。而是要隨著理解的增進，然後設置適切且靈活的協同合作上所需的統制機關。

《最終戰爭論》中談到：「東亞各民族將天皇奉為盟主的那一天，也就是東亞聯盟真正成立之日。」到了那個時候，聯盟的統制機關也已經相當完備了吧。原本東亞聯盟完成之日應即是聯邦成立之時。但如果聰敏的東亞各民族能夠在王道的理想之下團結一致，真正信奉王道道統的、血統的守護者天皇時，或許就能夠超越聯邦，一舉飛躍成為一個大國家吧。如果能夠一舉成為大國家時，那麼就可輕易彌補今日科學文明落後的缺憾了吧。

滿洲建國後不久，大家深切感覺到為了徹底的民族和諧而有必要建立東亞新秩序，而提倡了東亞聯邦、東亞聯盟，可是先姑且不論日滿之間，中日之間要跳躍到聯邦的關係到底還是難以期待，於是自然地便採用了東亞聯盟論，並在昭和八年三月九日成了協和會的聲明。我在昭和七年八月離開滿洲國，並未參與有關這協和會聲明的所有活動，但是在昭和八年六月某參謀本部的部員來要求說：「有很多長官都說石原是海軍論者，就請你提出一份意見書吧。」可能是當時我提倡有必要擬定對美戰爭計畫的關係吧。因此在我所執筆的〈從軍事上觀察皇國國策以及國防計畫綱要〉中，提到我個人的意見是：

一、皇國與盎格魯薩克遜人的決戰是為了世界文明統一，人類最後且最大的戰爭，這個時期會出現在不久的將來。

二、準備右述的戰爭上，目前國策首先在於完成東亞聯盟。

三、東亞聯盟的範圍必須從軍事經濟兩方面的研究來決定。人口問題的解決雖必須依靠南洋，尤其是澳洲，但如今當務之急在於首先完成做為東亞聯盟核心的日滿中三國協同。

這篇文章應該是印刷後送到了次長以下的各部長等人的手上了。我想這大概是長官們第一次看到東亞聯盟這四個字吧。

近衛聲明的公開

未參與協和會正式聲明的我，在此之後失去了公開提倡滿洲國、華北情勢方面、東亞聯盟的勇氣，可是在昭和十三年夏天因生病的關係提出辭呈時，長官說辭呈會交給大臣，便命令先回國休個假，因此我相信這樣隨隨便便的我應該會被編入預備役，於是九月一日我在大洗的海岸邊，在耳邊爆風雨狂吹的聲音下起草了〈昭和維新方略〉的短文，以滿洲建國以來在同志們所主張的理念下所成立的東亞聯盟來做為昭和維新的核心問題。然而在同年九月十五日滿洲國承認紀念日，陸軍大臣板垣征四郎中將在他的演講中使用了東亞聯盟這個名稱。接著在所謂近衛聲明的發表中有著與東亞聯盟相通的內容。其實從板垣中將在關東軍參謀長時代以來，我就獨斷以為他已經放棄東亞聯盟的理念，所以對他的演講實在感到相當震撼。之後板垣中將在宮崎正義先生的〈東亞聯盟論〉，杉浦晴男先生的〈東亞聯盟建設綱領〉中題字，且公開表示近衛聲明的內容也是順著東亞聯盟的邏輯。

昭和十五年在天皇誕辰紀念日，總軍司令部公布的〈告誡派遣軍將士〉一文中，為了解決中日戰爭而令人想起滿洲建國的精神，強調道義是在於東亞聯盟的成立上。在這刺激下，於是在中國各地發起了東亞聯盟運動，十一月二十四日於南京成立了東亞聯盟中國同志會，昭和十六年二月一日正式召開了東亞聯盟中國總會的成立大會。

在日本，昭和十四年秋天成立了東亞聯盟協會，發行會刊「東亞聯盟」，隔年，昭和十五年春天開始了活動。與東亞問題有關的各團體，大多未看到他們有積極的活動，但只有這個協會讓人看到了快速的成長，而成了中國東亞聯盟運動發展的一個動機。有關於東亞聯盟的內容上，中日兩國之間意見似乎尚未完全一致。日本主張共同國防，而相對於軍事同盟、經濟一體化，中國卻主張經濟合作，日本特別重視共同國防、經濟一體化，而中國卻比較關心政治上的獨立。不過，這可以說是兩國關係上理所當然的事情。而將來主張也會越來越具體。總之，兩國東亞聯盟的運動家們已經認知雙方有一致的理念，這是國民革命以來數十年未見的現象，這真是令人感慨萬千。我深切祈禱東亞聯盟能夠堅強成長茁壯，然後踏出東亞大同堅定的第一步。

國防貫徹國策

目前的國策也就是昭和維新的核心問題，即在東亞聯盟的成立上，在根本上東亞各民族，特別是回復於我皇道，也就是王道、東方道義才是最大問題。面臨從國家主義時代到國家聯合時代的今日，民族問題是世界的大問題，日本民族也必須深切地思考為什麼自明治時期以來，在與朝鮮、台灣、滿洲國等其他民族的協同合作上幾乎沒有例外地失敗，要建立以皇道為基礎的正確道義觀。滿洲建國的民族和協提示出這個問題的解決關鍵點。可是很遺憾地，滿洲國的民族和協運動至今仍未成功。這是在明治以來日本人的惰性使然下而一度陷入失敗吧。可是一方面，因為建國的精神在一部分人士的堅持且實踐下，所以我相信只要國民能夠一度理解最大方針的話，那麼就可以馬上掃除數十年的弊風，與東亞各民族由衷地朝向協同大道邁進了。

在這新時代的道義觀下，以世界最終戰爭為目標，其東亞大同的各項政策會被立案且實行。可是為此，要能排除加諸於我東亞區域，歐美霸道主義者之暴力是絕對條件。也就是若沒有東亞（我）國防，那麼成立東亞聯盟也只不過是一場夢而已。

東亞聯盟的成立是我國防的目的，同時各項政策必須集中在最困難的國防建立上。國策與國防要渾然一體，這就是所謂的國防國家。

而妨礙東亞聯盟成立的外來阻力是為：

1　蘇聯的陸上武力。

2　美國海軍軍力，其中必須同時考慮到英、蘇的海軍。

所以要：

1　整備與蘇聯在遠東可使用兵力相等的武力，且至少要在滿洲、朝鮮佈署與蘇聯位在貝加爾湖以東兵力同等的兵力。

2　至少要保持與西太平洋上的美、英、蘇海軍同等的海軍軍力。

美日開戰時期尚早

根據陸軍當局的說法，遠東蘇聯的軍隊已達到三十個師團以上，擁有約三千輛坦克及飛機。相對於蘇聯的兵力，我在滿洲的兵力難道不是處於絕對劣勢嗎？如此不平衡的軍力成為對蘇聯外交的困難，一方面也成為中日戰爭最有力的動機。而且日蘇兩國遠東的軍備之間在僅僅數年就出現了如此差距。這在在顯示出全體主義的蘇聯建設與自由主義日本的建設能力的差距。這與納粹政權成立以來數年間德法的軍備就出現差距的例子是完全一模一樣。我們要立刻盡快果斷地進行飛躍性的軍備增強才是。要如何應付美國最近的海軍擴張？海軍大臣說數量尚不足為懼，以我們自己的軍備與之對抗，絕對無擔心的必要，還有一部分的南進論者說以美國的造艦能力，在三年後敵我海軍力將會出現巨大的差距，因此必須馬上開戰。可是更加根本的問題是，我們要必須排除萬難來對抗蘇聯在遠東的軍備與美國海軍軍力的擴張。如果蘇聯以三十個師團佈署到遠東地區的話，我軍也要在北滿佈署三十個師團才對，若蘇聯有三千輛坦克，那我們也要有三千輛，還有如果美國建造六萬噸的軍艦，那麼我們也要斷然地建造與之同等的軍艦才是。

這恐怕是不可能辦到的吧。的確，我國製鐵能力僅有今日蘇聯的數分之一，比起美國更是有著明顯的差距。可是該生產的就必須生產。非得狠下心來製造不可。這是一步都不能退讓的國防上的要求，是我經濟建設的指標，昭和維新的原動力。沒有這種精神的國民是沒有資格高喊八紘一宇口號的。

有人說，因為三年之後美日海軍差距會變得相當大，所以要趁現在打倒美國，可是美國自己都沒有充分的戰鬥力，怎麼有可能厚著臉皮跟我國海軍決戰呢？還有戰爭有可能在三年內結束嗎？若美日開戰的話，可以預想的是這將成為一場極為長期的戰爭。而美國更會增加造艦的速度，在能夠發揮其所需實力之前是會避免決戰的。只會說一些對自己有利的理由，這是非常危險的一件事。

我國財政的負責人直到這次中日戰爭爆發前夕，還認為連年額二、三十億的軍費都是我國難以負擔的額度。然而在這四年的中日戰爭中我們得到了甚麼經驗？

如果日本真正有著達成八紘一宇大理想使命的話，那麼天意就是日本有能力建設對抗蘇聯陸軍、美國海軍的武力，這是無庸置疑的。國防當局應該斷然地要求政府。這種推力是使昭和維新前進的原動力。可是如此龐大的武器生產計畫要好好地交給政治家、經濟專家來負責，若是由軍部直接干涉的話反而會失去推力。所謂國防國家雖然軍方要向政府明示軍事上的要求，同時也不能把心思放在作戰以外的事情上。全體國民必須是一種按照職責，盡全力建設國防的組織才行。

除了以上陸、海軍武力的要求之外，更要：

3　必須盡快建設世界第一精銳的空軍。

這一方面不只面對將來最終戰爭的準備上最為重要，且在現在的國防上也是極為重要的。

空襲紐約、莫斯科

蘇聯要侵略東亞就必須要有西伯利亞鐵路這個長途的運輸系統，而美國遠洋作戰的困難度很高。也就是說蘇聯遠東地區、菲律賓等是美蘇軍事上的弱點，是令他們頭痛的地方，可是相反地卻令美蘇容易空襲我國中心，阻礙我近海交通。相對地，我國卻連對於敵人在政治上、經濟上有利的空襲目標都沒有，壓迫敵人命脈的手段幾乎接近不可能。也就是說他們能以一部分的實力與我進行持久戰爭，相反地，我們則必須傾注全力才行。因為持久戰爭必須要有很強的張力。

從這觀點上來看，在空軍的快速發展，我軍能輕易空襲紐約、莫斯科之前，也就是這樣的地理位置不再是問題之前，更明白地說就是在最終戰爭發生之前，若能盡可能地避免戰爭的話，那是再好不過的了，可是因為這很難達成的關係，所以至少要以發展世界最優秀的空軍為目標，然後在持久戰爭的時代中來彌補我國防地位上不利的缺陷。

德國空軍是第二次歐洲大戰的焦點，時而出現於海上，時而與地面部隊做滴水不漏、緊密的協同作戰。真是令人相當羨慕。我國在國防上的情況與德國不同，有一些無法馬上與德國一樣的問題點，但是盡力以合乎邏輯的空軍建設為目標，計畫一步一步進行的同時，即使航空隊分屬於陸海軍的期間內；陸海空軍能夠做更一層緊密的協同合作是被期望著的。最近社會上為此而做了各種的努力，這實在是令人可喜可賀。在器材方面已經進行了緊密的合作，還有應用上也必須靠著不斷的研究來做到截長補短的效果。例如東蘇聯任何一處的航空基地距離滿洲國國境都已可說不遠（西部的另當別論），而且在遠東缺乏有利的空襲目標，所以針對蘇聯的陸軍航空部隊要輕靈且速度快的飛機較為有利。海軍一般必須做長距離的行動。像這樣的特徵，我想陸海軍雙方都應該互相尊重才是。雖說海軍飛機能夠成功空襲中國內地，但陸軍的飛機是沒有與之競爭的必要。要按照戰爭的狀況，毫無縫隙地統一運用陸海軍所有的航空兵力，即使分屬於陸海軍，也必須付出所有的努力來發揮空軍所獨有的優勢。我相信現在這樣的努力正在進行中。

戰爭是最大的浪費

雖然我在防空方面主張，為了應付最終戰爭，應該要以二十年為目標來強力執行根本對策，可是現今必須馬上實行應急的手段。

第一個問題就是火災對策。要在防火木材的研究上做最大的努力，且應該要持續進行。現在不是陸續發現新的方法了嗎？在消防上也需要有更突破性的進步。

還有現在不是缺少高射砲等防空武器嗎？所以要設立高射砲等生產公司，快速地增加產量才行。我認為所有的武器工業都需要活用民間企業才行。各種公司、工廠等自己設置高射砲的話如何呢？且指定沒有被徵召的人來練習操作，偶爾進行一下競技比賽的話，保證可以立即上手。只要官方控制好彈藥的話就不用擔心了。當發生緊急事件時也可按照需要來做配置的統制。這樣除了航空部隊，其他的防空事業盡可能交給民間來做的話不是比較好嗎？

可是，關於所有防空上是需要做比今日還要嚴格的統制。要任命防空總司令（可能的話由親王殿下），由他來統一指揮擔任防空任務的陸海軍部隊以及地方政府、民間團體等。

因為是持久戰爭的關係，所以除軍需品外，聯盟各國國民的生活安定上所需的物資能夠在東亞聯盟的範圍內做到自給自足是相當重要的。也就是說要用軍需、民需共通的統一性的計劃來完成經濟建設的目標。

就連美國所有物資也無法做到自給自足。無視我國能力的情況，在必須獲得最有限物資的藉口下而招致與他國的紛爭，這是我們要有所戒慎的。戰爭是最大的浪費，雖然說進行戰爭的同時也做長期的建設，這要說出口是很容易的，但實行上確是很困難的。

可說是在貧瘠的國土、資源的缺乏之下才有今日的德國。也就是在被封鎖的狀態下使他們的科學進步。當然資源是相當重要的，可是今日的文明已進入了大部分的東西都可以靠科學的力量來生產的時代了。比起資源都要來得重要的就是人的力量、科學的力量。光是日滿兩國就有豐富的資源。尤其資源地理位置的分布相當適宜。如果我們能夠十二萬分地活用科學的力量，總合運用全國的力量的話，必定可以在不久的將來獲得不輸於霸道主義的力量。

在鐵礦資源上，日本的鐵砂是世界無比的豐富，滿洲國鐵礦的蘊藏量頗大。而在精煉法方面也陸續發明了不需要熔爐的高周波或上島式等世界獨特的方法。煤礦是有無限蘊藏量，而在液化方法方面，我相信在福島縣實驗中的田崎式液化法一定會獲得成功。而其它幾種方法也在開發中。我聽說有人推斷熱河到陝西、四川一帶有著世界屈指的石油蘊藏量，這應該要果斷地去嘗試挖掘。

而其它必要的任何資材一定可以用生產來獲得。機械工業上也絕對不用太悲觀，要找到天才型的人，讓天才型的人做完全的發揮。

要好好思考一下是否該把國家的生產目標做為機密。連蘇聯過去以來都有公開。完全統制國民，以戰爭為第一目的的德國雖然把這做為機密，可是日本的現況反而有必要勇敢地公開數字，我想應該向國民明示我們到底有多少龐大的生產需求。我相信國民的緊張感、節約等在明示這個適切的國家目標下最能夠實現。今天的做法是動不動就有了百年的準備，是馬克思式的方法。把理論或構造當作第一問題。這是在做無意義的逃避，而且成為了無法提振士氣的根本原因。

無論發生甚麼事都一定要公開必須達成的生產目標，在各領域中找出一個最適任的人，讓他負全部的責任，然後動員起所有的相關人員來強力執行生產的增加。政府要果決且適切地規範各領域之間的關係。如此一來，全日本就能如火球般滾動起來。是資本主義？還是國家社會主義？這一點都不重要。無論怎麼樣都好，就算不勉強自己策畫打倒資本主義，資本主義若不能負荷如此大量的生產的話；自然而然就會傾倒。符合時代要求的方式必定出現。是為了昭和維新，而不是為了革新的昭和維新。是為了做好在最終戰爭中獲得必勝態勢的昭和維新。想要獲勝的國民與東亞各民族，其意念自然地就會實行昭和維新。

這個意氣、這個熱情、這個建設，自然地會孕育出世界無比的決戰武器。也就是今日對於持久戰爭國防的確立，自然將成為對於未來戰爭的準備。

滿州國的任務

蘇聯侵犯東亞聯盟的路徑有三。第一是滿州國，第二是由外蒙方面往蒙疆地區的入侵，第三是新疆方面。其中東亞聯盟防衛上最為脆弱的是為第三點，最為重要的則是第一點。滿州國的喪失在東亞聯盟防衛上可說是致命性的傷害。這會切斷日中兩國的連結且逼迫兩國的中心地。滿州國是東亞聯盟對蘇聯國防的根據地。雖然東亞聯盟直接防衛新疆是相當困難的，可是滿州國若能充實軍備的話，那麼滿州國對蘇聯沿海地區領地相對有利位置，將間接形成新疆地區的防衛。

這個切要的滿州國國防，依據日滿議定書，要由日滿兩國軍隊來共同擔當。

在滿州軍隊的建設上付出了不為人知的極大努力。加入滿州軍的所有人們在滿州建國史上應該加以特別讚揚才是。然而，時至今日仍不時耳聞對於滿州軍的不信任。的確，直到今天滿州軍中仍不時出現背叛者。可是我們應該深入探究其中的原因。滿州軍的不安實際上就是顯示滿州國的不安。我想在滿州國內民族和協的果實逐漸熟成，民心較為安定，中日戰爭爆發當時的滿州軍應是處於最佳狀態。之後隨著戰事的進展，漢民族失去了心靈上的安定，一方面大批日人官僚的進入與經濟統制下日本人的專斷，使得民族和協變成令人困惑的形態，加上因統制經濟下的不安定而使民心逐漸動搖了起來。這個影響馬上反映在治安上面，左右了滿州軍的心理。滿州軍大致上也可視為滿州國的鏡子。

即使看到中日戰爭中漢民族的英勇表現，若滿州國能真正守護其建國精神，好好地發展的話，滿州軍將會是我們最有力的友軍。若是對滿州軍不信任的話就應該深切留意滿州國人的心理，必須自我了解並未掌握滿州國的民心才是。

當滿州國的民心欠缺安定之時，共產黨的滲透也就活躍了起來。這必須要相當留意。當然取締共產黨是很重要的，可是民心的安定更為重要。原本漢民族對於共產黨並不像日本人一樣帶有尖銳的對抗意識。說到防共並無太大的反應。他們不害怕共產主義。因此防共的第一要義就是安定民心，給予人們安居樂業的環境。對於多數的漢人即使像對日本人一樣宣傳共產主義的毒害也不會有太大的迴響。若能證明共產主義是西洋霸道主義的急先鋒，在國內真正實行王道主義的話就沒有必要過於擔心共產大軍，若民心能真正安定的話也就自然能夠防止間諜的滲透。在民心遠離的時候，即使派出日人警察或是憲兵也很難防止間諜與離間。

必須銘記在心的是，滿州國防衛的第一主義就是民心的掌握，建國精神即民族和協的實踐。

昭和十二年秋天，我曾經以關東軍參謀副長的身分到職，並謁見皇帝時，皇帝對我說希望我能夠彌除「日人軍官」之名，對此我實在是非常感激。但很遺憾這迄今仍未實現。我對此感到相當地抱歉自責。

我相信在複合民族國家裡建設各民族軍隊是正確的事。也就是雖然在滿州國裡，日本人基於日滿議定書，加入日本軍隊擔當國防，可是其他以外的民族也應該各別編制軍隊。現在蒙古人正在建設蒙古軍隊，可是也應該建立朝鮮軍隊才是（一部分雖正在進行中，規模龐大的）。也可考慮成立回回（伊斯蘭）軍隊（比起朝鮮軍隊並非迫切的問題）。因為軍隊是手持武器危險的組織，所以語言或風俗迥異的民族集合隊並不適當。

我不反對日本人進入漢民族軍隊中服役。可是必須是以漢人一份子的態度才行。我察覺到皇帝命我去除日人軍官名稱的含意就在這裡。在各民族混居的國家中，官吏有日系、滿系、朝鮮系等人是很自然的，而軍隊因為是建立各民族軍隊的關係，所以在漢民族的軍隊中有著「日人軍官」的名稱並不適當。

雖然在鄉下滿州人警察之中派駐少數的日人警官來領導他們，但必須深切反省的是這些日人警官是造成滿州國不安定的一大原因。其他民族的心理不是從內地而來賺錢的人們所能夠輕易理解的。警官是幾乎不可能做其他民族的觀察，而且取締滿州人警官也有失妥當。

滿州國境內盜匪的討伐，根據實踐的結果，運用日本軍是絕對不恰當。區別盜匪與良民是很困難的，且非常可能產生各種誤解而使治安惡化。滿州國的治安實際上在以滿州軍作為討伐盜匪的主力之後就快速地改善了。滿州國內的治安首先要以滿州軍來維持，再逐漸交由警察來擔當，而滿州軍應該要編制成國防軍。我期待在「國兵法」的採用之下能夠有劃期性的進步。

雖然我們已經很清楚，當發生緊急事態的那一天，日本陸軍的主力是以滿州國為基地來執行作戰的，但是龐大的作戰資材、特別是彈藥、炸藥、燃料等是必須要能夠在滿州國內獲得補給才行。我們雖然相信滿州國的經濟建設是以這個做為目標，但還是要祈禱這能夠急速地獲得成功。

在順暢糧抹等其他作戰軍用的補給上，北滿州的開發非常重要，當然在北方的作業多少帶有這方面的目的。可是日本軍隊本身對於這一點必須要有更為明確的自覺才行。當蘇聯增加五個師團時，我們也增加五個師團、若派來十個師團我們也必須派遣十個師團才行。為此雖然必須迅速建設軍營等設施，但蓋像如今這種有規模的建築，在時間上到底是來不及的。

所幸青少年義勇軍古賀先生的建築研究正不斷進行之中，如果能夠受到採用的話我相信必定能夠符合軍方的要求。戀棧俗世之人最好退出現職。為了昭和維新、為了組成東亞聯盟、為了完成滿州國國防，我們要率先親手建設古賀先生的簡易建築，親手耕作且訓練，要站在北滿經營的第一線。

一面呼喊著新體制或是昭和維新，卻無法從內地式生活中跳脫出來的帝國軍人必須深切地自我反省才是。

我們軍人必須主動做為昭和維新的先驅。為此，必須自我改造軍隊以適合今日的國防。北滿無人之地是我們的極樂世界，而這個極樂世界的建設是昭和軍人所被賦予的任務。

（昭和十六年二月十二日）

附章　關於「世界最終戰爭」的質疑與回答

第一問　所謂世界的統合在戰爭之下完成，這是對於人類的褻瀆，我認為人類不用依靠戰爭也能夠建設絕對和平的世界。

石原　生存競爭與相互扶持兩者都是人類的本能，對於正義的憧憬與對力量的依賴是並存在我們的心中。聽說過去的僧人若在宗教的議論上輸掉了的話，就會脫掉他的袈裟後雙手奉上給對方，然後歸順改宗，這對於現今的人們是無法想像的事。即使是純學術性的問題也時常見聞到用理論鬥爭也難以解決的場面。只要沒有絕對的支配力，有關政治經濟等現實問題，單單只以道義觀或理論來解決紛爭一般是相當困難的。像解決世界統合這樣人類最大的問題，最後在人類所被賦予的，集中所有力量毫不留情的鬥爭，其結果除了接受神的審判之外，是沒有其他的方法。雖然感到相當可悲，但這也是無可奈何的。

認為「不假鋒刃之威而坐平天下」的神武天皇，最後還是不斷動用武力，曾說「四海之內皆兄弟」的明治天皇，最後還是決定進行日清（中日甲午戰爭）、日俄等大戰。釋尊解說道，守護正法單以理論之爭是不可能的；必須以身手持武器對決，這可說是道盡人類本性的教誨。強調從一人、二人、三人、百人、千人逐漸地傳唱下去，到最後一天四海皆歸妙法理想就會實現的日蓮聖人，他也預言信仰的統一，最後只有在前所未有的大鬥爭下才會實現。

當然原本兵不血刃而達成世界統合，是我們從內心熱切期盼的理想，但可嘆的是那恐怕是不可能的。若很幸運地實現的話，為此最高道義的護持者天皇，絕對必須掌握最強的武力。隨著文明的進步，世界越來越不趨於和平而鬥爭不斷發生。接近最終戰爭的今日，必須隨時在其必勝的信念下進行所有的準備才行。

在最終戰爭下世界達成統合。可是最終戰爭到底只是個為了邁進統合的苦差事，而八紘一宇的發展與完成不能依靠武力，應當以正當和平的手段來進行。

第二問　直到今日戰爭還是不斷發生。難道說只要人類還有鬥爭心的話，戰爭就絕對不會消失？

石原　的確，人類自有史以來戰爭就不曾間斷過。可是對從今爾後做如此斷定還是言之過早。有誰想到自明治維新之後，日本國內就再也沒有發生過戰爭？文明，特別是靠著交通的急速發展與武器的突飛猛進，現今日本國內再也不用擔心戰爭爆發的問題了。由於文明的進步使得戰爭能力大增，隨著戰爭規模的擴大，政治上統合的範圍也會逐漸擴大。如果以世界某一地區為根據地的武裝力量對於全世界任何一個角落都能迅速地發揮其戰鬥能力，並且能夠迅速地屈服抵抗勢力的話，那麼世界將自動地趨向統合。

接著出現的問題就是，世界即使發生了前所未有的大戰而一度統合，但不久之後仍會出現反抗勢力來對抗目前的統治勢力而引發戰爭，再一次造成國家間的對立。然而，這只不過是未考慮可能進行最終戰爭的文明，其文明發展的大躍進，而僅是以現今文明為標準所做出的常識判斷而已。一瞬間就把敵國的中心夷為平地，如此強大的破壞力，不僅將戰爭的殘酷推向了極致，成為人類抑制戰爭最強大的暴力，而且擁有如此強大威力的文明，一方面也改變了世界的交通型態，僅在數個小時之內就可環繞世界一周，我們將感覺到地球的土地會比現今的日本還要來的狹小，且應該想像這樣時代的到來。到時候人類將會自然地領悟到國家的對立與戰爭是有多麼地愚昧。且因為最終戰爭，思想、信仰將會達成統合，文明的進步將會充實生活上的物資材料。發動戰爭來爭奪資源的時代即將過去，戰爭將會不知不覺地被人類所遺忘掉。

人類的鬥爭心，不僅在這數十年之間，只要人類還存在的一天恐怕永遠也不會消失。然而鬥爭心的另一面，也是文明發展的原動力。最終戰爭結束之後，人類把鬥爭心運用在武力鬥爭上的本能衝動，將會自然而然地消散並轉換到其他的競爭上，也就是在和平下，在建設更高度文明的競爭之中。現實上，當我們還是小孩子的時候，看見大人們在街頭上吵架是很稀鬆平常的事，但至今日已不復見。農民專於改良品種、增加產量，工人專於製作精細的製品，學者專心於新發現與發明等等，各領域的人會用比今天更高的熱忱，在各自的職業領域上努力鑽研，來滿足其鬥爭的本能。

第三問　或許世界最終戰爭會發生在遙遠的未來，但如您所說的，會在三十年左右爆發，這實在是令人難以相信。

石原　最終戰爭會在不久的將來爆發，這是我「堅信」的。最終戰爭主要是美日之間的戰爭，這是我「想像」的。最終戰爭會在三十年左右之內發生，這只不過是做個「占卜」罷了。用常識來判斷，連我自己也很難想像三十年左右之內會爆發。

然而，最終戰爭事實上是人類歷史最重要的一個關鍵，到時世界是會發生超乎想像的大變化。直至今日的戰爭，主要是地面上、水面上的戰鬥。屏障特多的地面戰爭，其發展不會太過於快速，這是常識上可以理解的。可是當戰鬥是在空中進行的時候，那可是會造成驚天動地的大變動。

我既已從科學急速地進步、工業革命的情況、佛教的預言等角度，來詳論三十年後的最終戰爭並不見得是個突發奇想。再者，直到第一次歐洲大戰爆發為止，被數十個政治單位所分割著的世界在那之後迅速地進入了國家聯合的時代，於今，世界成為四個政治集團的走向是相當明顯的。而依我看，世界可說即將是自由主義國家與軸心國兩大陣營對立的世界吧。那麼要如何省視準決賽即將結束的這急轉局勢呢？

另外近年來，認為全體主義才是人類文化最完美型態的人似乎不少，但我卻無法贊同。全體主義原本就太過於狹隘且追求過度的緊張，會導致欠缺制衡力量的結果。在蘇聯屢屢發生肅清，在德國發生突擊隊長被槍殺、副元首潛逃等事件，也都是在凸顯那樣的跡象。我堅信，全體主義的時代是絕對不會永遠地存續下去的。我認為今日世界的趨勢是，各國為了要在最短的時間內做好戰爭準備，同意也好被迫也罷，就算是犧牲制衡力量也不得不成為全體主義國家。因此全體主義就像是運動選手在比賽前的集訓一樣。

雖然集訓生活是加強體能最好的方式，但假使集訓一整年，一直處於緊繃狀態的話是會疲累的。所以說，集訓應該只在比賽前的短期間內進行才是。

人類會在無意識之中直覺自己本能地接近最終戰爭而開始集訓生活，而全體主義就是為了進入集訓生活的產物。集訓生活會在最終戰爭爆發前的數十年之間持續著。我也從這點來推斷最終戰爭即將迫於我們的眼前。

第四問　話說東洋文明是為王道文明，西洋文明則是霸道文明，這是在指些甚麼？可否請您說明。

石原　這樣的問題應該去請教那些道的專家才是，回答這問題實在是太超過我的專業範圍了，但我還是借用一下學者的意見來說幾點我自己的看法。

文明的性格本來就受風土氣候的影響很大。比起東方西方，南方北方之間的差異更大。我們北方人種無論東西方都是朝拜旭日，而受到炎熱氣候所苦的南方人種雖然一樣崇敬太陽但卻是伏拜夕陽。在熱帶地區，對於食衣住不用勞心，特別是支配階級，不僅依靠奴隸經濟，而且沉溺於抽象的形而上的冥想而發展出宗教來。所謂的三大宗教都是起源於亞熱帶地區。一方面，南方人種已習慣於安逸的生活，社會制度僵化，如印度至今仍抱持著四千年前的舊制度而失去政治上的能力，導致不得不屈服於少數英國人的支配之下。

北方人種原本是從適合居住的熱帶跟亞熱帶地區中被趕出來的劣等人種，但是在逆境與寒冷的環境中接受鍛鍊，自然而然地發展出科學來，並且靠著源於農業社會的強烈國家意識與狩獵生活所衍生出的集會決議而培養出強大的政治能力，今日活躍於世界上的民族全都屬於北方人種。而南方人種則是專制的，不會巧妙地運用議會制度。社會制度、政治組織的改革是北方人種的特徵。以亞洲北方人種為主體的日本民族與以亞洲南方人種漢民族為主體的中國，這兩大民族的歷史有著相當大的差異存在也是理所當然的。但是，漢民族雖然是南方人種，其實黃河流域沿岸與長江流域沿岸均不屬於亞熱帶地區，比起喜馬拉雅以南的南方人種，還是多帶有近於北方人種的性格。

西洋文明偏重於完全源自北方人種寒帶文明的物質文明，所以西洋文明即是霸道文明。那麼，相對於寒帶文明的熱帶文明就是王道文明了嗎？其實不然。王道是得中庸，不偏不倚，堅持遵守道義的人生目的。而要達成這個目的，就必須充分活用物質文明的這個手段。

即使同樣屬於北方人種，亞洲的北方人種與歐洲的北方人種之間，也是有著明顯的文明差異。最近的研究中，古代中國的文明並非是南方人種漢民族的文明，而是起源於北方人種，如今這王道思想正是日本國體的表現。這個王道思想即使不是源自於漢民族所提倡的思想，漢民族也將這王道思想徹底地融入到漢人文化裡並堅持直至今日。今日的漢民族多是北方人種的混血，擁有著融合南北兩文明的素質，若能得到適宜的引導，我相信漢民族也會有充分活用科學文明的能力。

西洋北方人種在古代是否與東洋民族一樣擁有偉大的理想？即使有，也被物質文明的力量所壓制，連做為一種民族信念流傳至今的力量都沒有。聽說希特勒抱有恢復古代日耳曼民族思想信仰的熱忱，可是，即使以希特勒的能力，也很難將這思想信仰做為民族靈魂重新點燃於日耳曼民族的血液之中。歐洲的北方人種除了法國之外，如英國般即使有地理上的關係，與南方人種的混血也是比較少數的，德國及其他北歐各民族幾乎都是北方人種之間的混血，偏於現實主義的傾向是很明顯的。尤其在歐洲大陸，強大的國家過度集中在狹小的地域之內，長久以來不斷上演慘烈的鬥爭，雖然這對於科學文明的高度發展提供了相當大的貢獻，可是這種霸道的弊病也逐漸擴大；成為今日社會不安定的因素，要徹底改變這些弊病是不可能的事。

西洋文明既已徹底成為霸道文明並逐漸走向絕境。相反地，王道文明靠著東亞各民族的自覺與攝取活用西洋科學文明，以日本國體為中心正逐漸興盛。當人類由衷領悟到現人神的信仰時，便是王道文明開始發揮其真正價值的時候。

最終戰爭即王道文明與霸道文明的決戰，這個決戰結果會是天皇信仰者與非天皇信仰者之間的決戰，具體而言，最終戰爭就是決定天皇成為世界的天皇，或是西洋總統成為世界領導者，人類歷史上空前絕後的一個大事件。

第五問　若最終戰爭會在數十年後發生，其原因是經濟的紛爭，無法想像是觀念性的王道、霸道的決戰。

石原　戰爭的原因在於該時代人類所最深刻關心的事物裡。過去進行了單純的人種間的戰爭或是宗教戰爭，在封建時代土地的爭奪是戰爭的最大動機。土地的爭奪經濟問題是其最大的動力。近代已開發的經濟，使社會關注的重心集中在經濟利害上的結果，現狀就是戰爭的動機除了經濟以外沒有其他原因了。

自由主義時代是經濟支配政治，然而統制主義時代則必須是政治支配經濟。世界現在正逐漸地發生大轉變。可是僅僅三十年後，社會最大的關心事依然是經濟，而意識型態是不會成為戰爭最大的原因。然而能夠實現最終戰爭的急速進步的文明，在一方面會帶來生活資材的充足，漸漸地就會像今日一樣經濟至上的時代就會消失。經濟到底不是人生的目的，這只不過是個手段。隨著人類逐漸擺脫經濟的束縛，其最大的關心將會再次轉移到精神層面上，而戰爭也從利益的爭奪轉變到意識型態的紛爭，相信這是文明進化的必然方向。即最終戰爭時代，應當是已經進入到戰爭發生的最大原因是為意識型態的時代才是。

即使文明的實質產生了大變化，但由於人類的思考模式無法很容易地去跟上這個大變化的關係，於數十年後最終戰爭的最初動機，我想還是有關經濟的問題吧。可是戰爭進行之中肯定會對戰爭目的帶來急速的大變化，而成為意識型態的紛爭，相信最後將會變成王霸兩文明一決雌雄的戰爭。日蓮聖人關於前所未有的大鬥爭，他頓悟到雖然最初是為了利益而戰爭，但隨著紛爭的逐漸嚴重，最後能夠依靠的就只有正法，而主張會帶來信仰上的急速統一，這完全表示出最終戰爭的本質

第一次歐洲大戰以來，突破大國難的國家逐漸地在實行由自由主義轉向統制主義的社會革命。日本也在九一八事變的契機之下，進入了這個革新也就是昭和維新的時期，可是多數的知識份子仍然在內心之中嚮往著自由主義，還有，口中批判自由主義的人們之中有很多還是從事著自由主義般的行為。然而在中日戰爭的進展之中，高度國防國家建設卻突然成為了國民的常識。若冷靜地回想的話，在和平時期完全想像不到的驚異變化，現在卻毫不奇怪地正在進行之中。我想像最終戰爭的時代大約會出現在之後的二十年前後，在這個期間裡人類

所產生思想與生活的變化是有著完全無法想像的事物。從經濟中心的戰爭轉變為徹底的意識型態之爭，這個判斷絕不是沒有根據的突發奇想。

第六問　很難想像數十年後因爆發最終戰爭而世界一舉完成政治統合。

石原　提到最終戰爭，有人覺得這是非常荒誕無稽的狂言，而表示贊同的人之中，也動不動就認為戰爭爆發後人類就能立刻創造完美世界，這樣的人似乎也不少。但他們的推測完全沒有切中到核心。雖然最終戰爭必定會發生在不久的將來，是人類歷史最大的關鍵點，可是歷經最終戰爭的人，令人意外地並不感到世界會有如此的激變，活在這空前絕後的大變動期與活在過去革命時代是沒有太大差別的。

最終戰爭後世界達成統合。當然在初期總免不了會發生幾次餘震，但是超乎想像地，文明的進步會很快地將社會穩定下來，國家間以武力進行的鬥爭心會轉換為人類新的大融合文明建設的原動力，並朝八紘一宇的世界邁進。日本眾多人才中的其中一位，清水芳太郎先生，他曾在《日本真體制論》中，對未來文明發展的想像有不少有趣的論述。

像是如果能掌握植物的一片葉子其作用上的秘密，那麼就可在試管之中，培養很多我們所需的食物，就可從有限的土地中生產千百倍的糧食。另外，培養繁殖上最容易的有機物，來代替豬雞的養殖。發現牛肉、雞肉等口味的有機物後，就可很容易地取得富含蛋白質的食物。這些絕對不是在說夢話，因為德國早在第一次歐洲大戰時期就已經在吃有機物了。

其次是動力，地底下因蘊藏有像鐳或鈾等放熱性物體，所以地殼會發熱，若能將那些放熱性物質開採出來的話，即使不使用寶貴的煤炭，也可以得到無限的動力。還有在平流層中有許多的大氣電流，如果能發現將電流引導到地上的方法的話，就可以得到無限的電能了。另外在平流層的上方充滿著從地上散發上去的氫，這些氫結合氧後就可變成有效率的動力能源。因此，將飛機上升至平流層上方，接著吸取氫氣做為動力的話，就可以飛往世界各地了。然後在降落之前，再吸取氫氣，下次要起飛時就可以使用到。如此繞著地球飛行將會是一件很輕而易舉的事。

到了那個時代將會發現不老不死的妙方。為什麼人類會死亡？那是人體中會囤積廢棄物，而因廢棄物中毒而死的。因此，假使能運用方法持續排出體內廢棄物的話，那麼生命將會無限延續下去。在現實上把有機物放入枯草的水煮汁液裡時，有機物會變得很活躍且快速地持續繁殖。雖然過一陣子之後，有機物會因為自身排出的廢棄物中毒而繁殖力漸漸地衰弱下去，但是再把它放進新的枯草汁液裡時它又會馬上活躍了起來。只要重複不斷地更換新的汁液，這樣就會一直存活下去。也就是所謂的不老不死。

或許有些人可能會擔心，假使人類像這樣不老不死地活下去的話，全球人口將會爆炸，擠滿整個世界而會造成一些問題。但不用擔心，自然界的奧妙是非常不可思議的東西，其實根本不需要抬出桑格夫人（美國節育論者）來。到時人類每個人會剛好平均一千年才生一個小孩。這就像不斷接枝或插枝的橘子樹一樣會長出沒有種子的橘子。由於人類壽命短暫所以要多生小孩，但到了不老不死的時代，人類將會過著接近仙人般的恬淡生活。

還有所謂的時間最後會等於溫度。如果能做到在不取人性命下改變溫度，或是不破壞東西下提升溫度的話，就可以很輕易地把十年的時間縮減為一年。相反地，把溫度下降至零下二百七十三度的絕對溫度時，所有萬物的活動將會靜止，如此浦島太郎的故事就不再只是個故事。到時世界將是一個真正能夠隨心所欲的世界。

更進一步會因為操縱人工突變，文明會出現前所未有的大躍進，也就是人類在最終戰爭之後，逐漸走向令人無法想像的融合文明時代。最後靠著人工突變，比起現今人類要更為優秀的物種將會誕生於這個世界上。佛教將這稱之為彌勒菩薩的時代。

假使世界到了清水芳太郎先生所憑空描述的時代，那麼人類從戰爭中追求其鬥爭的本能會是令人無法想像的一件事。重要的是，就像提問人所說的一樣，世界的政治統合絕對不是一氣呵成的，人類的文明都是不斷發展而來的。可是文明的發展有時也會遇到急流，我們要知道最終戰爭是人類歷史上最湍急的洪流，從現在開始必須加快腳步做好突破急流的所有準備。

第七問　戰爭的進步不依據東洋，特別是日本戰史，而僅根據西洋戰史。個人覺得這並不公平。

石原　就如同在「戰爭史大觀由來記」所清楚說明的一樣，我在有關軍事學上的知識是非常地狹隘，有稍微做點專業上研究的就只有以法國大革命為中心的西洋戰史這一部分而已（一四四頁）。這是最終戰爭論依據西洋戰史的第一個原因。我深切期盼有志之士能夠藉由東西古今的戰史來做更廣泛且綜合地研究。我相信一定能夠得到與我相同的結論。

過去數百年來是白人的世界征服史，今日全世界正屈服於白人文明之下。其最大的原因就是白人所獲得的優越的軍事力量。可是戰爭絕對不是人生或是國家的目的，只不過是手段而已。正確的根本戰爭觀念並不存在於西洋而卻是我們所擁有的。

三種神器之戶的劍表現了皇國武力的意義。為擁護國體扶持皇運而發動的武力就是皇國的戰爭。

被相信是最為和平的佛教中，在涅槃經裡說道「善男子護持正法者不受五戒，不修威儀，應持刀劍弓箭鉾槊」「有受持五戒者不得名為大乘之人。不受五戒為護正法乃名大乘。護正法者應當執持刀劍器杖」，日蓮聖人斷言「兵法劍形之大事亦出於此妙法」。

如右的思考模式是否存在於西洋，才疏學淺的我並不清楚，就算有這對於今日的他們來說恐怕也是相當無力的吧。戰爭的本義是無論何處都應該等待王道文明的指導。可是戰爭的實行方式主要還是力量的問題，霸道文明發達的西洋會成為源流也是理所當然的。

日本的戰爭主要是以國內戰爭為主，缺少民族戰爭的慘烈程度。尤其是日本和平的民族性起了很大的作用，結果戰爭變成因同情敵人而贈鹽的武將的心事[註1]，或是於戰場上互贈和歌，或是成為那須與一的那張扇子的標的等等[註2]，已無法區別到底是戰爭還是體育競技了。而武器變成一種精美的藝術品等，這也是在表現一種日本式武力的特質。

在東亞大陸，長久以來都是一直以漢民族為中心，雖然歷經多次被北方蠻族所征服，但強國間的存亡對抗卻不如西洋。特別是蠻族即使在軍事上征服中國，但對漢民族的文化卻是採尊重的態度。還有在東亞，民族意識不如西洋強烈，今日的研究也指出連該歸類於哪一人種都不清楚的蠻族也曾出現在歷史上。而且東亞大陸的寬廣土地也緩和了戰爭的慘烈程度。

歐洲原本只不過是亞洲的一個半島，在那狹隘的土地上聚集了很多的強盛民族，這些民族經營著不少的國家。西洋科學文明的進步可說是民族鬥爭下的產物。相對於東洋保持王道文明的傳統，西洋在霸道文明的支配下最有力的因素可說是歐洲地緣政治環境的結果。為了霸道文明而成為戰爭的主要場地，且優秀選手時常相互較勁，而在戰場的面積也適中的關係上，戰爭的進步在西洋當然會表現得較為有系統。由於我才疏學淺，研究不自覺地偏向西洋戰史，但只要是有關戰爭型態的方面，我相信這不能說是非常不合理的。

雖說我的戰爭史主要是以西洋為主要的研究對象，但並不是說一般文明是以西洋為中心，這是我要特別強調的一件事。

第八問　決戰、持久兩戰爭有時代上的交互關係，如此見解是否正確？

石原　拿破崙對於奧地利、普魯士等國家強行了精彩的決戰戰爭，但對於西班牙卻是難以進行，還有對俄羅斯即使以他所有的力量也幾乎不可能。第二次歐洲大戰中，新興納粹德國不僅對波蘭、荷蘭、南斯拉夫、希臘等弱小國家，連對於法國也毫不猶豫地強制進行了決戰戰爭。對於蘇聯雖然在開戰當初的大突襲之下而在第一場戰役中獲得了重要的勝利，但情況並不樂觀。還有拿破崙對於英國也不得不進行為期十年之久的持久戰爭，而希特勒對英國也難以強制進行決戰戰爭。

如右所述在同一時代中，某個時候進行決戰戰爭，而有時候進行持久戰爭。決戰、持久兩戰爭在時代上交互關係的見解必須做一個全盤的檢討才行。

在任何時候、任何地點，兩交戰國的戰爭能力相差懸殊時當然是不會形成持久戰爭的，就像是第二次歐洲大戰中的德國與弱小國家之間一樣。戰爭原本的型態當然是決戰戰爭，可是戰爭能力幾乎相近的國家之間進行持久戰爭的原因如下。

1　軍隊價值的低落

文藝復興以來的傭兵完全是職業軍人。由於賣命的職業是有些許限制的關係，即使是訓練精實的軍隊，要徹底地運用該武力也是很困難的。這是到了法國大革命為止形成持久戰爭的根本原因。法國大革命在軍事上的意義是職業軍人回歸到國民軍隊。近代人只有在愛國的熱誠之下才會真正地奉獻出他的生命。

在中國，唐朝的全盛時期全民皆兵的制度被打破之後，其民族性是極端地排斥武人，連至今日「好漢不當兵」的思維仍然無法消除，處於一種武力的真正價值難以發揮的狀態之下。

在日本戰國時代的武士，在以日本民族性為基礎的武士道之下發揮了強大的戰鬥力，即使如此仍然有收買的現象，當時的戰爭是所謂以謀略為中心，在必要時連父母、兄弟、妻子都能當作為利益的犧牲品。戰國時代日本武將的謀略，連中國人、西洋人也都要退避三舍。日本民族在任何領域上都是非常優秀的。今日即使運用謀略卻無法成功，可說是德川三百年太平盛世的結果使然。

2　防禦威力的強大

戰爭中的強者一般會主動攻擊敵人，企圖強制敵人進行決戰戰爭。可是這時候的戰爭手段對於防禦相當有利時，就無法突破敵人的防禦陣地，攻方的武力無法達到的敵人中樞，不得已就會形成持久戰爭。

自法國大革命以來，主要是進行決戰戰爭，可是第一次歐洲大戰中，防禦威力的強大使得戰爭持久下去。第二次歐洲大戰中坦克的進步與空軍的高度發展增加了攻擊的威力而增加了突破敵軍陣線的可能性，與第一次歐洲大戰當時相比，有朝決戰戰爭發展的傾向。

（日本）戰國時代的築城技術以當時的武力來強行進攻是很困難的，這成為持久戰爭的重要因素。就是因為如此，謀略才成為戰爭極為有用的手段。

拿破崙不得不與英國進行為期十年的持久戰爭，最後終究失敗。雖然英國的陸上兵力薄弱，但靠著多佛海峽這個令人畏懼的大海溝的掩護而阻止了拿破崙的決戰戰爭。對於今日的納粹德國做頑強的抵抗也是依靠多佛海峽，英國對於拿破崙以及希特勒的持久戰爭可視為多佛海峽防禦威力強大的結果。

3　國土的廣闊

即使攻方的威力足已突破敵人的防線，當攻擊方部隊的行動半徑不及於敵國的心臟地帶時就自然形成持久戰爭。

拿破崙很輕易地就擊潰了俄羅斯的軍隊，長驅直入至莫斯科，可是由於這個作戰超越了拿破崙軍堅實的行動半徑的關係，於是就超過了能力範圍。因此拿破崙軍的後方出現了破洞，最後上演了莫斯科大撤退的慘劇而帶來了拿破崙霸業的沒落。守護俄羅斯的首要力量並非是俄羅斯的武力，而是那廣闊的國土。

在第二次歐洲大戰中，蘇聯是對德國唯一強大的全體主義國防國家，且擁有強大的武力。若能有位優秀的統帥的話；則堅守史達林格勒與德國進行持久戰爭的可能性也並非完全沒有，可是卻遭受到德國的大偷襲，在史達林格勒受到了嚴重的打擊而作戰陷入了困境，莫斯科也開始有失守的危險。可是如果史達林下定決心的話，可以想像在那廣闊的國土上進行持久戰爭的可能性。

這次中日戰爭中的蔣介石對日本進行的持久戰爭是依靠著中國廣大的領土。

右述三項原因中，第3項應不能視為時代性，在國土廣闊的地方，兩種戰爭的時代性會變得很不明確。但是隨著時代的進步，當然決戰戰爭的可能範圍會逐漸擴大，當某個武力可以在全世界任何地方強制進行決戰戰爭時，也就是最終戰爭可能發生的時候。

第1項與一般文化不可分開，第2項主要是受到武器與築城技術限制的問題，與時代性有密切關係。但是靠著海軍對於能夠以海洋做為完全屏障的敵人來進行決戰戰爭，直至今日仍是不可能的事。當空軍成為真正決戰軍隊時，那個屏障才會完全失去作用力。

也就是在土地廣漠的東洋中，兩種戰爭的時代性很難說非常地明確，可是強國相鄰國土也不過於廣闊，且由於霸道文明的關係成為戰爭產地的歐洲中，兩種戰爭與時代性關聯密切，因此兩種戰爭交互出現的傾向非常顯著。特別在現代的西歐，土地面積對於軍隊行動半徑影響越來越小，而且由於兵力的增加使得無法從敵人正面做迂迴的關係，戰爭的性質因此與兵器的威力密切相關，可說是完全進入了時代的影響之下了。

第九問　即使攻擊性武器的急速進步，相對地防禦性武器也隨之發展，這樣來說全面的決戰戰爭，其發生不是相當無望的嗎？

石原　武器有利於攻防，更是決定做持久或是決戰戰爭的重要因素。

刀槍本是個人肉搏鬥爭上的對決武器，但隨著鏡甲的開發，刀槍的殺傷力受到限制，尤其是攻擊守城的敵人更是困難。

比起攻擊，槍枝更適合防禦，尤其是機槍的防禦威力頗為強大。在攻擊方面，火砲比槍枝更有利於攻擊，可是其威力卻隨著築城與防禦技術的進步而受到限制。換句話說，雖然近來機槍的出現與築城技術的進步急速提升了防禦威力，但是大口徑火砲的大量使用，一時之間有了突破敵人陣線的可能性。然而隨著巧妙的陣地佈署，想要靠著火砲的支援來突破敵人陣線又變得更加困難了。

坦克是攻擊性武器，在第一次歐洲大戰中，坦克的出現在戰術界造成相當大的衝擊。但是當時坦克的質與量尚未達到將戰爭從持久戰帶到決戰戰爭的程度。二十多年後，第二次歐洲大戰中，坦克數量與質量的提升，加上空中武力的配合，這是德軍對弱小國家及法國能夠果斷執行決戰戰爭的一個重要因素。可是要是能認真做備戰的話，反坦克火砲的整備反而會比坦克要來得更容易，面對充分備戰的敵人光靠坦克來突破敵陣，就算是今日也未必可行。

然而對手一變成飛機，就算是地面上最富決定性的坦克也是絕對無法匹敵的。在地面戰鬥中，可在地面上建築要塞，依地理位置就算光靠地形也可當作堅固的屏障，成為強大的防禦力量。在水面上沒有像地面一樣有可利用的東西，所以防禦戰是相當困難的，防禦的唯一手段只有攻擊。更何況於空中戰鬥，防禦論是完全不成立的。

對於從海面而來的攻擊，陸上的防禦相對容易許多。即使派遣大型艦隊，也無法攻佔舊時代的海岸要塞，這樣的例子在歷史上亦所在多有，而且海面對陸地的攻擊範圍是極為狹小的。然而，空中對陸上或海上的攻擊威力極為強大，面對從空而來的攻擊，在防空上極為困難。即使提升對空射擊及其他防空戰鬥技術，姑且不論小型目標，面對可在平流層移動，速度極快的飛機，要從地面上防衛如大城市般的大型目標，若是失去制空權的話，其防禦戰鬥幾乎是不可能的事。對於空軍的威脅，想要將所有的設施都埋進地底下，這在執行上是非常困難的，就算辦得到，卻很難避免各方面能力的明顯降低。

面對空軍的國土防衛可能會更加困難。能在平流層自在飛翔的神奇飛行器，加上可破壞敵國中心地帶且可搭載於飛行器內的革命性武器，會使所有防禦手段無效化，形成全面決戰戰爭的條件，讓最終戰爭成為可能。

第十問　最終戰爭中的決戰武器並非飛行器，難道是殺人光線或是殺人電波？

石原　槍枝或大砲並不是傷害敵人的武器。而是從槍枝或大砲中擊發出去的槍、砲彈發揮殺傷破壞的威力。軍艦的艦體，也就是「船」並沒有擊沉敵艦的能力，而是由配備在船上的火砲或發射管所擊發出去的砲彈或魚雷來擊沉敵艦的。

飛機也和軍艦一樣。並不是飛機造成敵人傷害。能夠迅速且遠距離地運送炸彈等武器才是飛行武器的價值所在。

假使殺人光線、殺人電波等其他恐怖的新武器可以隨心所欲地發射到數千、數萬公里距離之外並造成破壞的話，那麼飛行器就會失去武器上的絕對性，便無需要建設空軍了。可是最終戰爭所使用之殲滅敵人的武器，只要武器本身無法發揮如殺人電波般遠距離破壞力的話，還是得依靠在未來移動能力將會有更跳躍性發展的飛行器，空軍必須做為決定性的部隊來應用於最終戰爭中。我相信，未來一定會發明威力更強大更恐怖的破壞武器來取代今日的炸彈，但是仍然需要飛行器運送武器至遠距離處來擊潰敵人。

第十一問　您說最終戰爭中的戰鬥指揮單位是個人，而未來飛機將越來越大，您說指揮單位是個人不就是錯誤了嗎？

石原　指揮單位變成個人這樣的判斷，是從至現今為止的趨勢，也就是大隊↓中隊↓小隊↓分隊的分解過程的推察下，下一個應該是為個人，這想法上並非是不可能，可是由於無法判斷下個應該會出現的戰鬥方法，所以即便是我也與詢問者一樣，只要一具體地思考，就不知不覺有種無法完全切割的東西存在。最終戰爭的實體，有很多很難以我們的常識來想像的特點，雖然我說決戰是要靠空軍，但條件是那個空軍是要與今日的飛機完全不同的飛行器才行。對這個用心的提問，我只是述說了常識性的想像而已，決不是做所謂權威式的回答。

戰鬥機不僅受限於燃料而行動半徑狹小，隨著飛機的發展，過於小型的飛機將受到很多限制，而且相對於大型飛機速度的增加，小型飛機要像過去一樣保持優勢會變得更加困難，在大型轟炸機巧妙的編隊行動與武裝技術進步下，判斷戰鬥機的價值會漸漸降低。然而依據中日戰爭與第二次歐洲大戰的經驗，在取得制空權上戰鬥機的價值仍然極高。

轟炸機向敵區投擲炸彈的任務當然非常重要，可是未來空中戰鬥的主體應該仍是戰鬥機。若進行動力上的大改革而使小型戰鬥機的飛行半徑有飛躍性進展的話，戰鬥機做為空中戰鬥的主角，更越是有佔重要地位的可能。大型機不僅編隊與火力，也要以裝甲等措施來加強防禦，可是在空中要像在水面上裝置重型防禦措施是不可求的，所以小型機可以充分發揮其攻擊威力。空中戰鬥擁有優勢的一方可左右戰爭的命運，若空中戰鬥的勝敗主要是以戰鬥機來決定的話，那麼指揮單位為個人就是正確的了。

第十二問　最終戰爭中的戰鬥指導精神會是甚麼？

石原　從現在的持久戰爭到下次的決戰戰爭，也就是朝向最終戰爭的轉變就如我再三強調一樣，是非常超越常識的大躍進。與在地上的發展不同，是絕對無法想像的東西。先不說兵員數的數學性發展（由全體男子到全體國民）、幾何學上解釋的戰鬥隊形（由面至體）、戰鬥指揮單位（由分隊到個人），有關戰鬥隊形的運用在戰鬥群之後會是甚麼樣的型態？因為戰鬥方法是完全無法想像的關係所以無法判斷。同樣地，有關戰鬥指導精神的運用在統制之後會是甚麼樣的型態？也非常難以判斷。所以這二項並沒有放入欄位中，不過我還是大膽地陳述一下我的意見。

在統制上，為了要避免混雜與權力的重複而必須使用強制力也就是專制的威力，同時也要求更多各士兵、各部隊自主性獨斷性的行動。專制性強制是為了助長自由行動。也就是統制並非從自由退至專制，而必須是使自由與專制做巧妙地總合、發展的更高次元指導精神。

專制是封建時代的社會指導精神，而封建是所有優秀民族均有過一次經驗的時代。在文化發展時期就必須有封建。朝鮮近代的衰微，在過早實行郡縣政治，官吏很短的在位期間內，盡可能地搾取百姓的官僚政治之下，最後國民的生產性、建設性的企圖心徹底地被消磨，造成足以生活最小限度的生產是人民經濟活動目標的結果。封建君王為了要把他的領土、人民傳給後代子孫而十分愛惜土地、人民的專制政治是在那個時代中最好的制度。可是人類智慧的進步最後在專制下無法充分活用其進步的能力，在法國大革命前後，優秀各民族之間自由主義的革命漸漸地被實行，尊重個人靈活的創意，而看到了令人驚奇的文明發展。

可是，所有事物都有個限度。放任個人自由會隨著社會的進步而刺激各種磨擦，無限制的自由結果造成今日社會全體的效率無法提升。而矯正這種弊端，為使社會效率完全發揮自然形成的新時代指導精神除了統制之外，沒有其他的了。這與戰鬥指導精神從自由朝統制發展的理由相同。

為了新進入統制時代，由於要抑制自由主義時代裡過分的自利中心，一開始必須反動性地強迫運用專制也就是強制手段也是不得已的事。特別在缺乏社會訓練經驗的我國，動不動就說統制不是從自由衍生而來的進步，是從自由退後到統制，發生這樣的場面可說是自然的趨勢。可是為了在統制之下毫無保留地發揮社會與國家的全部力量，個人的創意、個人的熱情仍然是最重要的，所以在可能迴避無益的摩擦、沒效率的重複範圍之內，也必須更尊重自由。原本理想的統制是要以心靈統一為先，法律的限制應該要抑制在最小的限度內。較理想的是比起官憲統制，最好能夠擴大自治統制的範圍。也就是應該隨著統制訓練的進展而逐漸縮小專制的部分。

準決勝戰時代的統制訓練下，最終戰爭時代的社會指導精神，會是個進步得比今日的統制更尊重自由，更積極地發揮國家所有力量的時代。《戰爭史大觀》中預測說，兵役在法國大革命之前的傭兵時代是「職業」，法國大革命之後變成「義務」，而最終戰爭時代更會從「義務」進化到「義勇」。把英美的傭兵翻譯成義勇兵並不恰當。這裡所謂的「義勇」是為了扶翼皇運站出來奉獻生命的真正義勇兵。

法國大革命之後，兵力的大量增加，特別是今日準決勝戰時代的持久戰中，全體健康男子都被動員至戰線上。像這樣的大量動員必須是義務的。在最終戰爭裡，參與忍受敵人攻擊的消極戰爭的是全體國民，而做攻勢的軍隊會變成極為精銳的少數部隊。

在這樣的軍隊中用公平徵集的義務兵不能說是恰當的。義務仍然避免不了消極性。最理想的是你我都認可的菁英做義勇性的參加。像納粹的突擊隊、法西斯的黑衫軍等不就是在凸顯那種傾向嗎？

戰鬥指導精神也採取與兵役同一個方向，與最終戰爭時代的社會指導精神一樣，在允許比今日的統制更多的自由之下，會更努力地去積極發揮戰鬥能力。那不就是自由與統制的總合發展了嗎？

接著在最終戰爭結束後，即當進入八紘一宇的建設期時，社會狀態會更高度尊重人們的自由，也在全人類一致精進之中，各人會以淬煉的自由精神，自主的、良心的去發揮他們的所有力量。

統制主義的今天，是人類歷史中最緊張的時代，雖然有些許的勉強，但卻是在最短期間內能夠發揮最大效力的集訓時代。

第十三問　您並沒有完全說明預期日本能夠在最終戰爭中必定勝利的客觀條件，光靠信仰是無法令人心安的。

石原　我們要在三十年前後迎接最終戰爭的到來，以二十年為目標讓東亞聯盟的生產力超越美國。的確這是令人吃驚的計畫，被笑說是幻想也不奇怪。但我們也決不樂觀。這事是困難之中的困難。可是為了天皇、為了全人類，無論如何都要使它實現。

最近的日本人嘴裡說著精神第一，只狂熱於資源的取得。今天德國為了克服缺乏資源的困境所做的努力帶來了科學、技術的進步。尊敬德國的人首先應該學習這一點。這特別與最終戰爭有著不可分的關係，所謂正面對第二次產業革命的今天，這一點最為重要。

當然也是需要某種程度的資源需求。然而光只是中日滿三地實際上就蘊藏了龐大的資源。打造世界無比日本刀的鐵砂被認為有八十億噸，甚至一百億噸。光是鐵砂就可說日本擁有了世界第一的資源了。只是過去以來模仿鐵砂甚少的西洋製鐵法的日本，在精煉砂鐵方面研發尚未獲得完全的成功。最近純日式的卓越方法就快要研發成功了。像楢崎式的就是。滿洲國鐵的蘊藏量相當多。煤礦在日本本土也是有相當的蘊藏量，光是滿洲國東半部的任何地方都可挖出豐富的煤礦。更往山西走的話有著世界皆知的豐富資源。石油在日本國內也是有一些。從熱河經陝西、甘肅、四川、雲南到緬甸確實有著亞洲油礦的大礦脈，荷屬印尼的石油被認為是該礦脈的末端。現在在熱河已探勘到石油，世人都清楚，陝西、甘肅、四川也會挖出石油。所以必須大規模地強行探勘才是。雖然到今日為止，液化煤的路途走得相當坎坷，不過終於有純日式的，輕易、優秀且效率世界無比的方式快要研發成功了。我們所確信的是前述楢崎式煉鐵一定可以成功開發。其他的資源也絕對不足為懼。山西、陝西、四川以西的地區幾乎是尚未探勘的地方，很難估計這地方會挖出甚麼樣的豐富資源。

東亞最大的優勢就是人才資源。今後生產最大的要素特別就是人才資源。以日本海、中國海為內海，集合了生活於中日滿三國的五億優秀人口，正是世界最大的寶藏。雖然世人都擔心中國無法振興教育，但這沒甚麼大不了的。中國人是令人驚嘆的文化人。只要能活用製造令世界驚嘆的美術工藝品的能力，那麼就不容懷疑他們可以快速發揮其高度能力。

但問題是能不能夠在短短二十年內大量動員這個人才資源？當然這是個困難的大事業。可是當我們想到在革命之下已徹底破壞的蘇聯，儘管擁有豐富的資源，卻克服了人與資源分散在廣大土地的不利條件，驅使無知的人民而在五年、十年之間成功提高了生產力時，就不容懷疑我們是絕對可以成功的。只是不可或缺的是偉大的見識與強力的政治力。無論是一億同心或是滅私奉公，在強力集中於明確的目標上，才可發揮其真正的意義。

我想要特別強調的是西洋人沉溺於物質文明，我們卻可以在數千年來祖父輩的傳統之下，由衷地安於簡樸的生活這一點。日本一萬噸的巡洋艦與同樣一萬噸的美軍甲級巡洋艦相比，其戰鬥力的差距相當大的原因，主要是由於日本海軍軍人剛健的生活。前些日子，我拜訪了秋田縣石川理紀之助的遺跡後有著無限的感觸。石川翁在十年的長期歲月，單身起居於山裡名為草木谷的約四疊半的草屋裡，之後雖然因為子嗣的去世而不得不回到家裡，而回家後也在極為狹小的庵房中度過了他的一生。在那極為簡樸的生活之中他誦詠了數十萬首的和歌，點著檀香並沏杯茶，真正過著高度的精神生活，並且從事著農業等其他令人驚嘆的先進科學研究與改良。他發揮了東洋的日本精神，極大化簡樸的生活，在所有都奉獻給最終戰爭的準備下，終能發揮了西洋人完全不及的力量。日本主義者與其空論倒不如率先實行。相信這個簡樸的生活可以對於目前困擾著國民的防空難題上，給予了一個非常光明的指引才是。

雖然困難，但我們必須在二十年以內培養凌駕美國的戰鬥力。這裡應注意的是，雖然持久戰爭時代的勝敗主要是取決於量的問題，但決戰戰爭時代主要是質的問題。但若我們可以斷然領先製造出決戰武器的話，一舉跨越至今日為止的落後狀態也並非難事。當時局急速變動時，落後國家比較容易抓住超越先進國的機會。科學教育的徹底、技術水準的進步、生產力的提升是我們奮鬥的目標，但是國家要特別要多關注在發明的獎勵上，且必須強制執行卓越果敢的方策才行。

為獎勵發明國民首先須銘記於心的是要尊敬發明。日本的天才之一大橋為次郎翁很熱心地參與活動，他為紀念皇紀二千六百年，想要在明治神宮附近蓋一間發明神社，祭祀貫通東西古今，以卓越的發明讓人類生活獲得無比幸福的人。我相信這是極有意義的計畫，但可惜未能完成。我期望全國人民能夠在心中建設發明神社。在這個重大時期裡天才往往被葬送在社會的壓力下。

獎勵發明的方法絕對不能是官僚式的。應該要多動員暴發戶才是。若沒有能夠獨斷且毫不猶豫地投入大筆金錢的人，是無法獎勵發明的。我希望若發明有了某種程度的成果，那麼給予發明家大大獎賞的同時，也同樣應該賜與勳章給維護該發明的人。在目前勳章主要是做為年功獎勵賜與官吏的。若在自由主義時代，在國家統制下的官吏獲得特別恩賞是理所當然的，可是在統制時代，最重要的是對於真正對國家有積極貢獻的人，無論任何職業領域都應該給予公正的恩賞。依據發明的價值程度，也應該奏請授予該維護者爵位才是。加上若是採取對於一世代裡所賺到的財產課徵極高繼承稅這樣的方法的話，那麼暴發戶們就會把自己所賺到的錢全部拿出來獎勵發明。把靠自己能力所獲得的財富奉獻給準備最終戰爭的發明獎勵上，這肯定是昭和時代暴發戶們的名譽，驕傲。

確實有成功機會的發明，就要在國家的研究機構中以總合性的學術力量來加速工業化。新設立大型研究機構當然是必要的，不過更應該將全日本的研究機構做非形式且有機式的統合，使其自主積極性地發揮所有能力。

為了最終戰爭，到底要將多大的區域做為我們協同的範圍？這是一個大問題。從作戰上及資源關係上來看，希望能夠盡可能在廣大的範圍內，可是戰爭與建設很難同時進行，為了大規模的建設，希望能夠盡可能地維持長久的和平。必須慎重考量為了擴大範圍而消耗的力量。關於這一點也與持久戰爭時代不同，在徹底進行決戰戰爭的最終戰爭中，在廣闊的區域內作戰並沒有絕對性的必要。因為優秀的武力是可以一舉進行決戰的。

就如以上所述，我們為獲得最終戰爭勝利的客觀條件當然不應該樂觀以對，可是若能總合運用我們所有能力的話，肯定是有可能的。然後實現這個超人般事業的是國民的信仰。對於達成八紘一宇大理想的國民堅定的信仰必定可以克服任何的困難。就算陷入困境的谷底，也能泰然、勇敢邁進的原動力，因為這個信仰一直給予了我們光明與安心。日本國體的靈力彌補了所有的缺陷，必定能使我們獲得最終戰爭的勝利。

第十四問　您用宗教說明了最終戰爭的必然性，可是，若不用科學做說明的話，現代人是無法理解的。

石原　我非常訝異，一直有人問我這種問題。我是日蓮聖人的信徒，作為一位信徒，我堅信聖人的預言，也有將這信仰傳播給全國人民的熱忱。可是「最終戰爭論」絕對不是以宗教性說明為主的理論，我相信稍微仔細閱讀的人就可馬上理解。這個理論，是以我在軍事科學上的考察為基礎的理論，佛的預言是同政治史的趨勢，和科學、產業的進步一樣；只不過是為了佐證我的軍事研究而舉出的一個例子罷了。

當然我承認，我在軍事科學上的說明非常地不充分。可是，像這種多重社會現象要完全用科學來證明是不可能的事。經過資本主義時代之後即是無產階級獨裁時代的來臨，自豪是非常科學的馬克思主義，這樣的判斷，結果也只是個推論，絕對不能說是在科學上的正確論述，若從這種立場上來說的話，那麼我那不完整的最終戰爭必將到來的推論，應該也可以說是科學的吧。日本的知識份子直到今日仍然忽視軍事科學的研究，尤其在政黨政治興盛的自由主義時代裡，對歷史上的戰爭研究更是輕忽。因為戰爭是把人類所擁有的一切力量做瞬間且最強烈地結合運用的一種行為，所以其歷史可說是最能凸顯文明發展原則的一種證明。再說，戰爭難道不是許多社會現象之中最容易做科學探討的一個學問嗎？

最近有人乘著排斥宗教的強烈風潮，批判「在《最終戰爭論》中做預言是有欠妥當的，所謂的預言是迷惑世人的言論」，聽說這樣人很多。人類智慧不管如何地增進，還是會受到腦細胞質與量的限制而有一定的限度，所以科學上的探討自然也有一定的限度在。但這個限度與宇宙的森羅萬象相比，又只不過是一小部分而已。宇宙間有著靈妙的能量，人類也享有其中的一部分。人類能夠正確地運用這個靈妙的能量，進入探索科學無法解釋的秘密，這是上天賦與人類的特權。

第十五問　我覺得對於「工業大革命」的必然性這部分的說明不夠充分。

石原　完全如您所說的一樣。我所擁有的知識，除了軍事之外，可說幾乎沒有。靠著做為我專業領域的軍事科學上的拙劣研究，終於稍微能夠解釋我那從信仰上所感應到的最後戰爭，於是在這樣的考量下才勉強向世人發表了「最終戰爭論」。那時我也只是基於軍事與一般文明發展是同一步調的原則，從任何一方面來考察也能得到同一個結論的信念下，描述一些我所想到的事情罷了。

我完全了解這些問題的回答內容中，也有超過我的專業，越權的獨斷甚多，實在令我非常汗顏，也因此希望各位能不吝賜教。

昭和十六年十一月九日於酒田脫稿

（石原六郎）

【解說】立命館版的《世界最終戰論》賣了幾十萬本，許多讀者對石原的立論提出問題。正好他於昭和十六年（一九四一年）三月被編入預備役，並於同年九月歸居故鄉（山形縣鶴岡市）。石原一邊為東亞聯盟運動奔走，一邊著手回答讀者的提問，而於同年十一月九日脫稿於酒田市。翌年（昭和十七、一九四二年）三月二十日由大阪的新正堂所出版的《世界最戰論》已收錄此部分。

編註1：將食鹽贈與敵人之典故

日本的戰國時代（一四九三—一五九〇），群雄割據。當時領地在內陸的甲斐國（山梨縣）、信濃國（長野縣）之武田信玄（一五二一—一五七三），由於和其南方之以太平洋岸的駿河國（靜岡縣中部）為領地的今川氏真（一五三八—一六一五）處於敵對狀態，今川遂以禁運民生必需品的食鹽為手段欲不戰而屈武田之兵。領地在武田北方之日本海岸的越後國（新潟縣）的上杉謙信（一五三〇—一五七八）聞訊，認為今川的做法背離武士道精神。雖然上杉和武田亦處於敵對關係，但為求和武田公平決戰以免勝之不武起見，上杉遂下令將食鹽運往武田處。不過此傳頌已久的佳話，由於缺乏有力史料的佐證，也有人認為是出自江戶時代（一六〇三—一八六八）的稗官野史。

編註2：以那須與一的扇子為標的之典故

日本的平安時代（七九四—一一八五）末期，源氏和平氏兩大武士團展開了爭奪天下之戰。壽永四年（一一八五），源氏的主將源義經（一一五九—一一八九）為追擊逃往讚岐國屋島（香川縣高松市）的平氏軍，在阿波國（德島縣）登陸後，循陸路北上欲從背後突襲平氏軍。平氏軍先是乘船出海以避其鋒，後見源氏兵寡，鼓起勇氣回頭應戰，兩軍遂爆發屋島之戰。黃昏時分，兩軍暫且休兵之際，平氏軍中有一小船駛近，一美少女立於船舷，將一面紅底金太陽的摺扇立於竿頭，並向岸上的源氏軍招手。源義經見狀，即命軍中弓術的第一好手那須與一（一一六九—？）將扇射下。那須領命，躍馬入海，立馬於距該船約七〇公尺處，在扇子和小船被北風吹拂得上下搖晃的狀況下，屏氣凝神瞄準摺扇尾端，一箭射去正中標的，該扇隨即飄落海面。源、平兩軍見狀，無不齊聲喝采。不過那須其名在該時代的重要史書《吾妻鏡》等史料中皆遍尋不著，而是記載於《平家物語》、《源平盛衰記》等軍記物語（以描述戰爭為主之敘事詩體的文學）中，故也有人推測這只是傳說中的英雄故事。

石原將軍臨終之際——大川周明

為了前途多舛的日本，希望還能夠留在人世上的許多人之中，第一位浮現在我腦海裡的就是石原莞爾將軍。石原將軍在退役之後寄給我的信件裡，仍常把自己稱之為「老兵」，在病床上寫給麥克阿瑟的信件裡也署名為「陸軍中將石原莞爾」，聽說要譯成英文時還曾提醒千萬不可漏譯「陸軍中將」四個字。石原將軍自始至終都是一位軍人，與戰後一些覺得自己曾經是軍人是非常可恥的人不同，到去世為止還是以一位軍人自居。因此，我在石原將軍臨終前兩日去探訪時，他也說了：「我的責任隨著大戰的結束而結束了，不對，應該說希特勒戰敗時就已經結束了。」沒錯，身為一位軍人的石原將軍，他的任務在大戰結束後也跟著結束了。但是我相信若將軍身體硬朗到現在還活著的話，肯定有個更加偉大的任務在等著將軍，而且不是以一位陸軍中將，而是以一位出類拔萃的日本人。

在今日的日本，有許多的專才，多才多藝的人也不少。若把這些人分配到適當的職位來工作的話，一定可以發揮各自的才能而成就更多的事業。這些事業決定這些人的價值，於是在履歷表上稍為填寫一下，就可以寫一篇不錯的傳記了。然而社會上，也有些人光只在履歷表上仔細羅列工作經驗，也無法成就出好的傳記來。曾聽過威廉彼特（＊英國政治家）演講的人，與其是被他演講的內容，倒不如說是被他那出眾的人格所感召。像西鄉隆盛或頭山滿，就算是一筆一筆毫無遺漏地細數他們的事蹟，也絕對無法得知他們真正的人物像。這也是在說明，比起他們的事蹟，出眾的還是他們個人本身。像這樣的人物，是有某種能量依憑在他們的靈魂之中！而這能量引起了我們心中對那些人做超越現實行動的某種期盼。換句話說，這些人的能力大部分都是潛在性的，實際言行所展現出來讓我們感受到的，只不過是他們所擁有能力的一小部分而已。因此這讓我們對那些人滿懷希望與期待，若是時機成熟的話，某些偉大的事業必定是由那這些人所完成的。縱觀整個日本，像這樣的人物在今日的日本是屈指可數的，但是石原將軍就是這些屈指可數人物中的其中一人。

過了昭和十九年的夏天，為了慶祝我母親七十七歲的大壽而回到故鄉酒田市。某天晚上，當時已經離開軍職退役回到故鄉的石原將軍來拜訪我，與我和那過了七十七歲仍然身體硬朗的母親三人一起閒話家常。數日之後，我收到一封從石原將軍那裡所寄來的一封信，說到通信，一般來說急件都是用明信片或是郵簡，但很稀奇的是當時這封卻是將軍用毛筆寫在信紙上的。這封信中，將軍除了由衷地祝福我母親身體健康與七十七歲大壽之外，也感慨「我的老母親今年已經八十歲了，從去年中風到現在一直臥病在床，到現在才真正地感受到如果能趁年輕時多孝順奉養母親那該有多好」。

我的母親在我於松澤醫院入院時，以八十歲的高齡往生了。為了三周年的忌日，我在前年的夏天回到了故鄉，剛好要在酒田車站下車的時候，聽到久病在床的石原將軍在前些日子病危，家人已經在準備辦理後事了。將軍在那年的春天罹患肺炎之後就一直臥病在床，病情時好時壞，五月下旬時也傳出病危的消息。連續十幾天無法入眠，呼吸困難，不停地疼痛且伴隨著膀胱出血，也因此陷入嚴重貧血的狀態，雖說病情有幾度好轉多次奇蹟似地躲過了死神的召喚，但這次的情況是凶多吉少了。

當時將軍在從酒田市秋田街道往北約五里的松樹林中，蓋了一間茅草屋，以一位西山農場的經營者的身分過著極為簡樸的百姓生活。我回到故鄉的時候是八月十二日，隔天清晨便趕到將軍所在的醫院。我想即使見了面也僅能談話幾分鐘，待太久的話又會打擾到病人，所以只要能見到將軍一面就心滿意足了，於是我帶著這樣的思緒進入了病房。因為將軍平躺病床會因肺臟裡的積水而無法呼吸，我進入病房時，看到將軍是靠在褟疊在病床的棉被上。

見到將軍的時候，最初讓我感到訝異的是，將軍在這麼長的一段時間，一直受到嚴重的病症所苦，但是臉上卻看不到一絲陰影，反而露出了一股安穩的微笑。在生病的這段期間，將軍的神情，從羅漢變成了菩薩。將軍很開心地接待我，言談中一點也不像瀕死的病人，就像平常一樣邏輯清晰地對應著，談話內容從透析預測世界與日本未來到對法華經的堅定信仰，談天說地，實際上這前後總共四十分鐘。我抱著聽取傳道佛法的嚴肅態度，幾乎一句話也沒說，只是靜靜地傾聽將軍的每一言每一語，並且銘記於心。談話結束後，將軍便如其名般臉上露出微笑的表情，並說：「日蓮聖人在六十歲時圓寂，我能與聖人一樣在六十歲時往生，真是太幸福了。」

在這一個星期裡，將軍是個說幾分鐘的話就會昏厥的重病病人，他能在這四十分鐘裡如正常人般地不斷說話，這是多麼令人感到意外的事啊。我一開始也擔心可能會影響到將軍的病情，但是我在聽將軍談天說地的時候，不知何時開始也完全忘了將軍是位瀕死的病人，我只是專心聆聽著。這是因為連我自己本身也被將軍帶進他那完全超脫生死的心境裡了吧。還有，將軍在昏倒的時候看起來像是完全失去意識的樣子，但是根據將軍本身所對我說的，他在昏倒之時對法華經有了更深層的理解了。這或許是將軍他那異於常人的頭腦，即使因為嚴重的病症與疲勞，一時之間五官停止活動，但頭腦的機能仍然正常運作的關係吧。

將軍對我說：「雖說我的生命在生理上早已燃燒殆盡，即使活著也只是受苦而已，但是身旁的人總是急忙地又是給藥、又是輸血的，所以也只能把這身軀交給他們了。現在連輸血都已經沒有效果，我的血液減少至只剩正常時的三分之一了。」這幾乎與京都深草的元政上人他臨終時的心境一樣。傳說上人在臨終之前，有位隨侍在側的弟子說：「上人已經安詳地往生了吧。」這時上人突然莞爾一笑並感嘆著「我想我也差不多該離開了，但因大家會哭所以我也應該跟著一起哭吧。」說著便吟唱著一首和歌：「深草元政和尚既死，縱然吾身亦憐矣。」不久後就圓寂而去。我拜別石原將軍時麻煩他：「我馬上就會過去了，將軍在極樂淨土的水池中所坐的蓮花葉的旁邊，請您預先幫我放一片葉子吧。」將軍聽了立刻答應「好的」，接著轉頭朝著與我同來的兩位堂兄弟說：「女人也好，喝酒也罷，就請你們盡情地玩樂吧。無論做甚麼事，我一定會將你們也接到這片極樂淨土的。」

我去探病的時候，就如前面所述的，是在八月十三日，我們的交談成為將軍最後的躍動，隔了一天八月十五日，「在這世上的責任，在那八月十五日結束了」，將軍在這十五日的清晨五點，終於安詳地走了。能夠在將軍尚在人世時回到故鄉，在臨終之際聆聽將軍的傳道解惑，我想這都應該感謝亡母在冥冥之中的安排吧。

大正十四年，從現在算起大約是三十年前的事了，當時石原將軍是三十七歲的陸軍步兵少佐（少校）。當時的石原少佐，以軍事科學的專門研究結論所發表的，就是在那二十年之後於世上所傳誦的「世界最終戰論」。依據石原少佐的說法，戰爭技術的發展已經到達了一個境界，超乎人類想像慘烈絕倫的戰爭，將會在第一次世界大戰的五十年之後，以世界最後戰爭的型態爆發於全世界。然後，靠著武力決勝負的戰爭將會從地球上消失，人類將會迎接第一次永久和平時代的到來。

這世界最終戰是否是因為某國家或某國家集團的對立抗爭而引起的，關於這個問題將軍的解釋不一，但是世界最終戰絕對會爆發這樣的基本信念，將軍自始至終從未改變。這是將軍堅信日蓮聖人「前所未有的大鬥爭將起於一閻浮提中」的預言，因為將軍相信到那時候，為了解救苦難呻吟的人類，本化上行菩薩必將以「賢王」之姿出現於世界上，日月所照之四方天下一切眾生，將會跟著賢王開口放聲唱頌南無妙法蓮華經的日子即將到來。就這樣石原將軍以一位最熱烈真誠的日蓮教信徒，堅信一天四海皆歸妙法的時代，必定會在本世紀結束前實現，然後在這信念下安然長眠而去。

最終戰爭論
戰爭史大觀

作　　者　石原莞爾
譯　　者　郭介懿
責任編輯　沈昭明
社　　長　郭重興
發行人暨出版總監　曾大福
出　　版　廣場出版
發　　行　遠足文化出版事業有限公司

231新北市新店區民權路108-2號9樓
電　　話　(02) 2218-1417
傳　　真　(02) 8667-1851
客服專線　0800-221-029
E-Mail　service@bookrep.com.tw
網　　站　http://www.bookrep.com.tw/newsino/index.asp

法律顧問　華洋國際專利商標事務所　蘇文生律師
印　　刷　前進彩藝
三版一刷　2019年1月
定　　價　360元

最終戰爭論・戰爭史大觀 / 石原莞爾著 ; 郭介懿譯.
-- 三版. -- 新北市 : 廣場出版 : 遠足文化發行, 2019.01
面 ; 公分 -- (全球紀行 : 23)

ISBN 978-986-96452-9-4 (平裝)

1.戰史 2.世界史
592.91　102015836

『Sekai Saishuu Sensou (zouhoban)』